ARBEITSHEFTE
**FÜHRUNGS-
PSYCHOLOGIE**

BAND 2

Gründer der Reihe
Prof. Dr. Ekkehard Crisand †

Herausgeber
Prof. Dr. Gerhard Raab
Nicolas Crisand

Antje Stroebe · Dr. Rainer W. Stroebe

Grundlagen der Führung

Haltung, Handwerkszeug und Handlungskompetenz

16. Auflage 2024

ISBN 978-3-86451-087-8

FELDHAUS VERLAG GmbH & Co. KG
Postfach 73 02 40
22122 Hamburg
Telefon +49 40 679430-0
Fax +49 40 67943030
post@edition-windmuehle.de
www.edition-windmuehle.de

Satz und Gestaltung: FELDHAUS VERLAG, Hamburg
Abbildungen: Baaske-Cartoons und Karl-Heinz Brecheis
Herstellung: WERTDRUCK, Hamburg

Bibliografische Information der Deutschen Nationalbibliothek
Die Deutsche Nationalbibliothek verzeichnet diese Publikation in der Deutschen Nationalbibliographie; detaillierte bibliografische Daten sind im Internet über http://dnb.d-nb.de abrufbar.

Inhaltsverzeichnis

Einführung

Politisch und wirtschaftlich höchst anspruchsvolle Zeiten sind es – dazu kommen Fachkräftemangel, hohe Wechselbereitschaft der Mitarbeitenden, geringe emotionale Bindung und gefühlte hohe Belastung.

Gallup schreibt 2023:
»GUTE FÜHRUNG WIRD ZUM HARTEN WETTBEWERBSFAKTOR!«

»Mit Blick auf die Ergebnisse« (Anm.: ... des Engagement Index 2022) sollte sich die Geschäftsführung deutscher Unternehmen auf vier Aspekte fokussieren...:

- Vertrauen
- Empathie
- Stabilität
- Zuversicht

In diesem Buch werden die grundlegenden Fragen angesprochen:

- Die Notwendigkeit optimaler Führung: Was heißt gut Führen eigentlich?
- Welche Voraussetzungen muss eine gute Führungskraft erfüllen, um erfolgreich zu führen und die vier Aspekte zu fokussieren?
- Wie erreiche ich eine hohe Kohäsion und Zielorientierung bei den Mitarbeitenden?
- Wie führe ich ein Team, das remote arbeitet?
- Wann ist Gruppenarbeit sinnvoller als Einzelarbeit?
- Welche praktischen Hilfen bieten Führungsmodelle?
- Wie hängen Führung und Macht zusammen?

Zunächst zwei methodische Hinweise:

- Vergleichen Sie bitte das, was Sie lesen, mit Ihren eigenen Erfahrungen. Bauen Sie auf diesen auf. Beachten Sie dabei: Jede Praxis baut auf guter Methodik auf – auch der Kapitän braucht GPS sowie Karte und Kompass.
- Wenden Sie das, was Sie lesen, bitte praktisch an. Beginnen Sie bei sich selbst. Sehen Sie sich als Teil Ihrer Führungsprobleme.

Handeln Sie bitte nach dem Motto: »Wenn ich nicht bei mir selbst anfange, wer macht es sonst?« und »Ich zünde lieber eine Kerze an, als das Elektrizitätswerk zu verfluchen!«

Warum diese methodischen Hinweise?

Genau wie Sie möchten wir, dass Ihnen die Zeit und Energie zum Bearbeiten dieses Buches Erfolg bringt – als Hilfe zur Selbsthilfe.

Wir halten es dabei mit Galilei: »Man kann einem Menschen nichts lehren, man kann ihm nur helfen, es in sich selbst zu entdecken.«

Wir respektieren Vielfalt und Chancengleichheit unabhängig von Alter, kultureller Herkunft, Handicap, sexueller Orientierung, Geschlecht und Geschlechtsidentität. Wenn im Text die männliche Form verwendet wird, dient das lediglich der Lesbarkeit und bezieht ausdrücklich alle Menschern ein.

Zum Führungserfolg mit Spannung und Spaß!

Einige Tipps hierfür:

- Packen Sie nicht zuerst die schwierigsten Probleme an!
- Konzentrieren Sie sich auf e i n e Priorität!
- Üben Sie neue Gewohnheiten und machen Sie so neue Erfahrungen!
- Teilen Sie diese mit Kollegen und Chefs – z. B. in einer Gruppe zum Erfahrungsaustausch!
- Holen Sie Rückmeldungen ein!
- Setzen Sie sich realistische Fristen!
- Kontrollieren Sie den Nutzen!
- Belohnen Sie sich und Ihre Mitarbeiter für Verbesserungen!
- Veröffentlichen Sie diese Erfolge!
- Probieren Sie nicht, sondern t u n Sie es!

Grips allein macht noch keinen guten Unternehmensführer!
Patricia Pitcher

1 Führung – Bedeutung und Definition

1.1 Warum ist psychologisch fundierte Führung wichtig?

Neben ungelösten Sachproblemen können ungelöste Führungsprobleme die Entwicklung und das Überleben von Unternehmen ernsthaft gefährden. Mitarbeiterführung ist nicht nur in guten Zeiten wichtig, wenn es darum geht, gute Mitarbeiter zu bekommen, im Unternehmen zu halten und richtig einzusetzen. Sie ist ebenso in schlechten Zeiten gefordert, in denen es darum geht, engagierte Mitarbeiter zu gewinnen, mit ihnen mehr zu leisten und sich auf veränderte Rahmenbedingungen einzustellen. Der digitale und demografische Wandel erfordert eine weiterentwickelte Führungskultur.

Um Führungsprobleme zu entschärfen, sind daher die Ziele der Mitarbeiter und die des Unternehmens durch zeitgemäßes Führen zu integrieren. Hierzu sind zunächst Führungsfehler festzustellen und zu beseitigen.

Beantworten Sie bitte folgende Fragen:

1. Wie ist es um mein praktisch anwendbares Führungswissen bestellt? Z. B.: Welche vier Führungsstile zeigt die Methodik der reifegradspezifischen Führung auf?

   ___

2. Wie ist meine grundlegende Einstellung anderen gegenüber (Mitarbeitern, Kollegen, Chefs, Kunden)? Wie wirkt sich dies aus?

   ___

3. Welche Aussagen über die Wirksamkeit meines Führungsverhaltens machen Menschen, die mich umgeben?

   ___

3.1 Was sind die fünf wichtigsten Stärken meines Führungsbereiches?

____

____

3.2 Was sind die fünf wichtigsten Verbesserungsmöglichkeiten meines Führungsbereiches?

____

____

3.3 Welches sind meine drei wichtigsten Ziele für dieses Jahr?

beruflich	privat
______________	______________
______________	______________

4. Schreiben Sie sich am besten sofort konkret auf, welche Konsequenzen Sie aus Ihren Antworten ziehen:

a) Wie soll eine ideale Aussage meiner Mitarbeiter über mich lauten?

____

____

b) Würde ich mir selbst folgen?

____

____

c) Worin weicht das eigene Führungsverhalten von dem Verhalten ab, das ich anstrebe?

____

____

Was ist die Ursache der Abweichung?

____

____

Was werde ich tun, um die Ursache abzustellen?

____

____

1.2 Was heißt gut Führen?

Führen heißt

- Spannung zu erzeugen und Energie zum Fließen bringen.
- Menschen mit »Führungsgen« zu finden.
- Menschen herauszufordern, zu Erfolgen kommen zu lassen und sich dabei komfortabel zu fühlen.
- Eine Umgebung zu schaffen, in der Menschen das, was sie tun, von Herzen tun (Steve Jobs). Menschen für sich zu gewinnen.
- Mitarbeiter natürlich und ungezwungen zu inspirieren. (Peter Drucker)
- Die Leidenschaft zu haben, andere Menschen zu entwickeln und sie zu inspirieren, den »Sexappeal« ihrer Arbeit zu entdecken.
- Die Struktur und die Prozesse des Unternehmens zielorientiert zu beeinflussen.
- Vor egoistischen Eigeninteressen nicht zu kapitulieren (Christoph Hanke). Zukunft zu erkennen, zu finden, zu gestalten und komplexe Reformen nicht zu scheuen.

Führungskräfte sollten in der neuen Arbeitswelt vor allem

- Diskussionen lösungsorientiert führen (siehe Band »Besprechungen zielorientiert führen«).
- Zuhören, um zu verstehen – nicht um zu antworten.
- Feedback intensiv als Führungsinstrument nutzen.
- Wissen aktiv teilen und dafür sorgen, dass alle das tun.
- Fehler als Lernchancen verstehen und sich auf die Lessons Learned daraus zu fokussieren.

Die Voraussetzung, um Führungsfehler zu beseitigen, ist sich das nötige Führungswissen anzueignen – aufbauend auf einer positiven Einstellung zu Mitarbeitern.

Sind meine Mitarbeiter Mitunternehmer, Subunternehmer, Anhänger oder nur Mitläufer?

1.2.1 Äußere und innere Autorität

Motto: *Innere Autorität spürt man,*
wenn eine Person zu reden beginnt
und man sich beeindruckt fragt: Wer ist das denn?
(nach Gerald Matt)

Was ist Autorität?

Das Ansehen oder die Macht, die ein Mensch oder eine Institution aufgrund Persönlichkeit, Fertigkeit, Tradition oder durch Vereinbarung genießt. Wenn Autorität und Vertrauen sich ergänzen, wird kooperiert.

Bedeutet Führen Durchsetzen von Autorität?

Es gibt äußere und innere Autorität:

- Äußere Autorität ist gleichsam »von Gottes Gnaden« und kann mit autoritärem Verhalten gekoppelt sein.

  Beispiel: Putin und Trump, Musk und ehemals Berlusconi verkörpern dieses auf Machterwerb und -erhalt ausgerichtete Denken. »Machtpositionen begründen keine Wahrheitsansprüche.«
  (Norbert Frei)

- Innere Autorität führt zu einem Verhalten, das durch die Mitmenschen geachtet wird, sie folgen freiwillig: Effektivität ohne Befehl.

Merkmale des Autoritären	
• ändert seine Meinung selten • unflexibel und undifferenziert • starre Konventionen • Vorurteile, richtet, ohne zu prüfen • verurteilt Andersdenkende • lehnt kreative Maßnahmen ab • lehnt Außenseiter ab • passt sich vorgegebenen Normen an oder schafft eigene	} **in sich unsicher**

Für den, der nur **äußere Autorität** besitzt, bedeutet »Führen« Durchsetzen von Autorität. Er fragt z. B. »Wie setze ich die geplante Neuorganisation durch?« statt »Wie erreiche ich, dass die Mitarbeiter sich effizienter organisieren?« (nach dem Grundsatz »Piraterie statt Bürokratie«).

Die Folge autoritären Verhaltens: »Schluss mit den SED-Monarchen, wir lassen uns nicht mehr verarschen« und »Spitzbart, Bauch und Brille sind nicht des Volkes Wille!« (Nov. 1989). So verwandelte sich eine »Schule der Nation« in eine Schule der Evolution.

Der Autoritäre treibt Mitarbeiter vor sich her, statt sie mitzureißen. So haben manche Chefs von Brokern diese angetrieben um der Rendite willen. (Die Folge: die Deutsche Bank zahlte bis 2018 mehr als 20 Milliarden Strafgelder).

Theodor Adorno: »Autoritäre Einstellung ist ein Zeichen von Schwäche.«

Wer dagegen **innere Autorität** besitzt, muss sich nicht mit Macht durchsetzen. Er hat es nicht nötig, autoritär zu sein. Treffend charakterisiert Peter Drucker daher Führung als die natürliche, ungezwungene Fähigkeit, Mitarbeiter zu inspirieren.

Ein treffendes Beipiel für hohe innere und damit persönliche Autorität ist ein Mensch wie Jupp Heynckes: »Wie hat es dieser Trainer-Senior hinbekommen, dass er so wirkt, als könne er nicht älter werden?« (SZ)

»... Er ist vielleicht der spektakulärste Transfer des FC Bayern: Der Transfer des Trainers Heynckes in die Neuzeit – samt seiner Werte, seiner Prinzipien, seiner feinen, korrekten Art. Als er sich von Mönchengladbach verabschiedet: »Er stellt den Dienstwagen auf den Hof, gibt den Schlüssel ab: ›er ist gewaschen und vollgetankt.‹ Respektvoll sein, aber auch Respekt einfordern, Harmonien schaffen, auf denen man aufbauen kann.«

Eine Führungskraft mit persönlicher Autorität versteht unter »Führen«:

Einen Mitarbeiter bzw. eine Gruppe unter Berücksichtigung der jeweiligen Situation auf gemeinsame Werte und Ziele der Organisation hin zu beeinflussen.

Diese Definition führt uns zu zwei Fragen:

- Von welchen Einflüssen hängt Führung ab?
- Was heißt »Beeinflussen«?

1.2.2 Einflüsse auf den Führungsprozess

Fünf Einflussfaktoren finden sich in der Definition »Führen«:

- Ein erster Einflussfaktor auf den Führungsprozess ist die **Führungskraft** selbst. Sie beeinflusst die Gruppe auf das gemeinsame Ziel hin.
- Die Führungskraft führt **Mitarbeiter.** Die einzelnen Mitarbeiter sind der zweite Einflussfaktor.
- Führungskraft und Mitarbeiter arbeiten meist in **Gruppen** zusammen. Die Gruppe ist der dritte Einflussfaktor auf den Führungsprozess.
- Die Führungskraft beeinflusst Mitarbeiter bzw. Gruppen auf gemeinsame **Werte und Ziele** hin. Gemeinsam ist das Ziel dann, wenn alle, die es anstreben, sich mit ihm identifizieren, sich für es einsetzen. Gemeinsame Werte und Ziele sind der vierte Einflussfaktor.
- Führungskraft, Mitarbeiter, Gruppe und gemeinsames Ziel stehen im Bezug zur jeweiligen **Situation.** Die Situation ist der fünfte Einflussfaktor. Daher: reifegradspezifisch-situativer Führungsstil (siehe 5.5 Reifegradmodell).

Alle fünf Einflüsse auf den Führungsprozess wirken wechselseitig aufeinander:

Eine Führungskraft fördert die Leistungsmotivation und die Leistungsfähigkeit der Mitarbeiter sowie ihr Zusammengehörigkeitsgefühl in der Gruppe. Berücksichtigt sie auch die jeweilige Situation, so wird das gemeinsame Ziel erreicht.

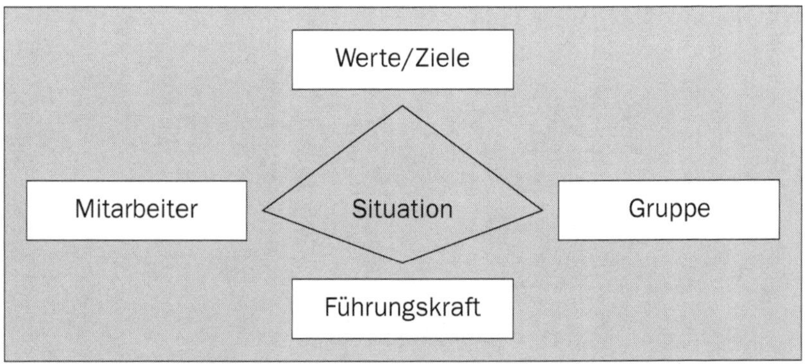

Abb. 2: Einflüsse auf Führung

Zum Führen gehört immer auch, dass Mitarbeiter geführt werden w o l l e n.

So ging es direkt auf den Wunsch des Orchesters zurück, dass ihr Dirigent Thielemann auf das Recht verzichten musste, »in punkto Gastdirigenten und deren Programme das letzte Wort zu haben. Die Musiker schätzen ihn zwar als Dirigenten, als Manager aber sahen sie ihn dezidiert nicht. Dass sich ein durchaus machtbewusster Dirigent wie Thielemann einen solchen Eingriff in seine Grundrechte nicht bieten lassen wollte, ist verständlich. Dass die Musiker aber überhaupt auf eine solche Idee verfielen, zeigt wie sehr sie ihren Chef in organisatorischen Belangen als Belastung empfinden.« (SZ)

Wollen Sie die Einflüsse auf Ihren Führungsprozess analysieren?

»Was ein Führer benötigt, ist nicht ein Komplex von Regeln, sondern eine gute **Methode zur Analyse der (sozialen) Situation,** in der er handeln muss« (Homans) und zur Gestaltung der relevanten Ziele, die zu erreichen sind.

In diesem Sinne:

- Wo sehen **meine Mitarbeiter** meine persönlichen
  Führungsstärken? Verbesserungsmöglichkeiten?

  ______________________ ______________________

- Weiß ich es, oder glaube ich nur, es zu wissen?

  ____

- Was sind die Stärken meiner einzelnen Mitarbeiter? Was sind ihre Verbesserungsmöglichkeiten?

  ______________________ ______________________

- Was tue ich, um die Stärken zu fördern und Verbesserung zu ermöglichen?
- Wie arbeiten meine Mitarbeiter als **Gruppe** mit mir zusammen?
- Was sind die maßgeblichen **Werte,** denen wir uns verpflichtet fühlen? (Was macht unsere Arbeit wertvoll? Wofür setzen wir uns ein? Wogegen wehren wir uns?)
- Bin ich selbst und sind meine Mitarbeiter in der Lage, unsere drei wichtigsten **gemeinsamen Ziele,** sowohl kurz-, mittel- als auch

langfristige, spontan niederzuschreiben?
(Decken sich diese Zielformulierungen bei allen?)
(Mehr zum Thema »Führen mit Zielen« finden Sie ab S. 50 und im Band 88.

- Was charakterisiert meine heutige/künftige **Führungssituation?**

Schreiben Sie drei Merkmale auf:

heute	künftig
1. ____________	1. ____________
2. ____________	2. ____________
3. ____________	3. ____________

Haben Sie sich alle Fragen beantwortet?

Welche **Konsequenzen** ziehen Sie daraus?

1.2.3 Kohäsion und Lokomotion

Motto: *Führen bedeutet Freude an Verantwortung und Interesse an Einfluss. Der Maßstab: Trage ich Verantwortung ohne Stress?*

Was heißt »Beeinflussen« nicht?

- Beeinflussen heißt nicht manipulieren, den Mitarbeitern Entscheidungen verkaufen – zum Beispiel durch joviales Auf-die-Schulter-klopfen, durch mehr oder minder offenes Bestechen.

Mitarbeiter von Facebook kritisieren das Manipulationspotenzial der Plattform. Der Mitgründer Sean Parker: Man hat bei der Konstruktion der Plattform bewusst auf süchtig machende Features gesetzt, welche »die Verwundbarkeit der menschlichen Psyche« ausnutzen.

Woody Allen: »Man hat mich gezwungen – mit Geld.«

Während Motivation auf Freiheit setzt, zielt Manipulation auf Unfreiheit ab. So ist Manipulation Kommunikation mit der Absicht der Täuschung.

Wie formuliert es der Volksmund? »Von hinterwärts ins Kinderherz.« Empfiehlt der Werkstattmeister dem Azubi: Nach dem Öffnen der Motorhaube sagen wir dem Kunden »Ei, ei, ei – das wird aber teuer. Wenn Ihr Auto ein Pferd wäre, müssten wir es erschießen.« TikTok und andere Online-Medien gestalten Algorithmen bewusst so, dass diese abhängig machen.

Motivation ist eindeutig von Manipulation abgegrenzt. Harald Krüger: »Das Wichtigste aber (gegen Manipulation) sind die Führung und die Führungskultur. Widerspruch gehört dazu.«

Also: Nicht verführen, sondern führen.

- Beeinflussen heißt nicht »Laisser-aller«, also alles laufen lassen (»Bequemlichkeitsliberalismus«). Der Leader führt das Glück der Vielen nicht herbei, indem er sie laufen lässt, bevor sie gehen können. (nach J. Fowles)

  Regellosigkeit darf nicht zu Zügellosigkeit führen. Wo immer sich Menschen organisieren, um gemeinsam frei gewählte oder vorgegebene Ziele zu erreichen, geht es nicht ohne Führung.

- Beeinflussen heißt nicht, andere wie Untergebene zu behandeln.

Beeinflussen heißt: die zwei umfassenden Führungsfunktionen, Kohäsion und Lokomotion, zu erfüllen.

Kohäsion meint: Herbeiführen und Aufrechterhalten der Zusammengehörigkeit der Gruppe.

Lokomotion bedeutet: Motivation der Gruppe und des Einzelnen zum Erreichen des (Gruppen-)Zieles initiieren.
Obama: »Zögern ist keine Option«. Gegen Starrsinn hilft nur konsequentes (Ver-)Handeln.

Kohäsion bezeichnet den menschlichen, den Beziehungs-Aspekt der Führung. Motto: »Schauen Sie Ihren Mitarbeitern in die Augen statt in ihre Personalakte!«

- Kennen Sie die Augenfarbe Ihrer Mitarbeiter/Ihrer wichtigsten Kunden?
- Knüpfen Sie Verbindungen oder haben Sie Freunde?
- Haben Sie Ihre Mitarbeiter schon einmal zu sich nach Hause eingeladen?

Die Gruppe steht im Vordergrund. Kohäsion ist erforderlich, weil ein Unternehmen nicht nur eine Leistungsorganisation, sondern auch eine Sozialorganisation ist: Ein Manager muss auch mit einer Sache nicht nur vorankommen. Er kommt auch bei den Menschen an!

Was kann Guardiola noch besser, als Spieler trainieren und Spiele coachen sowie taktisch planen? Er kann ein Arbeitsklima herstellen, das so viel Nähe wie möglich und so viel Distanz wie nötig garantiert. So kann er unbestechlich entscheiden über den Einsatz seiner Spieler.

Beispielhaft für gute Kohäsion kann auch stehen, wie sich Ursula von der Leyen als Verteidigungsministerin eingeführt hat: »Ich will zeigen, ich bin für die Soldaten da. Darauf können Sie sich verlassen. Ich empfinde es als eine ganz große Ehre, Ihre Verteidigungsministerin zu sein.«

Oder: Die Kollegen sind verantwortlich, Bewerber zu rekrutieren. Alle können auf Bewerbungen zurückgreifen, mit dem Bewerber diskutieren – auch über das Gehalt. So werden Menschen gewonnen, die das Unternehmen mitgestalten wollen.

Eine hohe emotionale Intelligenz, das erfolgreiche Umgehen (Wahrnehmen, Verstehen, Beeinflussen) mit eigenen und fremden Gefühlen, ist für gute Kohäsion Voraussetzung.

Fünf Dimensionen der emotionalen Intelligenz (nach D. Goleman)

<table>
<tr>
<td>Selbststeuerung
Kann in unklaren Situationen »Kurzschlüsse« vermeiden. Lässt Urteile reifen: Denkt erst nach und handelt dann – ist dadurch vertrauenswürdig.</td>
<td rowspan="2">Selbstbewusstheit
Kann Stimmungen, Gefühle und Bedürfnisse verstehen sowie deren Wirkung auf andere einschätzen. Realistische Selbsteinschätzung – selbstironischer Humor.</td>
<td>Soziale Kompetenz
Kann Kontakte knüpfen und zu tragfähigen Beziehungen ausbauen. Verfügt über die Kompetenz, Teams zu bilden und zu führen: Weiß Menschen für Neues zu gewinnen.</td>
</tr>
<tr>
<td>Motivation
Begeisterungsfähig und leistungsbereit für Arbeit und Unternehmen – unabhängig von Geld oder Status. Verfolgt Ziele andauernd und mit Optimismus – auch wenn's mal schiefgeht.</td>
<td>Empathie
Versteht die Befindlichkeit anderer. Kann angemessen darauf eingehen. Erkennt und fördert die Fähigkeiten anderer. Dient Kunden und Partnern.</td>
</tr>
</table>

Begegne ich Menschen? Oder trotte ich an ihnen vorbei?

Spreche ich mit Mitarbeitern nur über Sachthemen und über andere – oder reden wir auch über uns?

Was tötet Kohäsion? (nach M. Bickel)

- rein sachlich-frostige Atmosphäre
- Interesselosigkeit und Gleichgültigkeit
- unfreundliche Worte, abwertende Körpersprache
- Unterbrechungen
- misstrauische Blicke
- triste Gewohnheit
- ausschließlich virtuelle Zusammenarbeit

Abb. 3: Kohäsion bezeichnet den menschlichen, den Beziehungsaspekt der Führung.

F. Vargas schreibt über einen solchen Chef: »... auch bewunderte ich Ihre Intuition, nicht jedoch dieses Desinteresse, zu dem Sie sich berechtigt glaubten, nicht diese Art, die Meinungen Ihrer Mitarbeiter zu übergehen, ihnen nur zur Hälfte zuzuhören.«

Gute menschliche Beziehungen sind wie Geld auf dem Sparbuch: Wenn ich nichts zurücklege, kann ich nichts entnehmen (nach R. Hersey).

Prüfen Sie sich selbst:

Bin ich kohäsiv?	Ja	Nein
1. Ich fördere die Teilnahme aller Betroffenen an Entscheidungen.	☐	☐
2. Ich höre aufmerksam zu. (Ich bin mehr Hörrohr als Sprachrohr.)	☐	☐
3. Ideen, die in der Gruppe geäußert werden, sind mir immer willkommen.	☐	☐
4. Negative Spannungen, die in der Gruppe entstehen, spüre ich rasch. Ich kann sie meist rasch auflösen.	☐	☐
5. Ich unterstütze Minderheiten in meiner Gruppe und kann Querdenker integrieren.	☐	☐
6. Ich kenne den informellen Führer und habe zu ihm ein gutes Verhältnis.	☐	☐
7. Es macht mir Spaß, in Gruppen zu arbeiten.	☐	☐
8. Es fällt mir leicht, Gruppen zu führen.	☐	☐
9. Ich weiß, wie ich auf meine Gruppe wirke.	☐	☐
10. Ich erhalte aktiv Informationen aus der Gruppe.	☐	☐
11. Ich stelle »feurige« Menschen ein – nicht nur Diplome.	☐	☐
12. Ich fördere sich selbst organisierende Netzwerke und kann fließende Allianzen bilden.	☐	☐

Auswertung: Haben Sie bei kritischer Selbstprüfung mehr als drei dieser Aussagen mit »Nein« beantwortet? Dann verbessern Sie Ihre Fähigkeit zur Kohäsion.

Fazit zur Führungsfunktion »Kohäsion«: Ein guter Chef ist gut aufgelegt!

Lokomotion beschreibt den sachlichen und den innovatorischen Aspekt der Führung. Hier steht das **Ziel** im Vordergrund. Lokomotion ist erforderlich, weil ein Unternehmen eine Leistungsorganisation ist, deren (Innovations-) Ziele zu erreichen sind, wenn sie überleben will.

Somit ist Führung auch:
»Mit Menschen dorthin zu gehen, wo noch niemand gegangen ist.«

Zum Beispiel mithilfe der vier Instrumente:

- **Business Reengineering:**
  Fundamentales Umdenken, das zu radikalem Re-Design führt und Ergebnisse schlagartig verbessert.
  Mary Barra verzichtete mit Opel auf 10 % des GM-Absatzes. Sie setzte auf Profitabilität statt auf Größe.
  Herbert Diess setzte bei VW alles auf eine Karte – auf Strom. Wird VW so zum Vorbild für saubere Mobilität? Am Gelingen des radikalen Umbaus hängt die Zukunft des Unternehmens.
- **Kontinuierlicher Verbesserungsprozess/Kaizen:**
  Evolutionäres Streben nach permanenter Verbesserung, ausgelöst durch die Kundenanforderungen und die Orientierung an ihnen. Ziel: höhere Kundenzufriedenheit.

  Die fünf zentralen Prinzipien sind:
  – Kundenorientierung
  – Prozessorientierung
  – Qualitätsorientierung
  – Kritikorientierung
  – Standardisierung
  (M. Imai)
- **Benchmarking:**
  Vergleich mit exzellenten Unternehmen. Ziel: potenzielle Verbesserungen aufspüren und Leistungslücken zum Besten systematisch schließen.
  Haben wir den Mut, uns am Besten zu messen und den Willen, ihn zu übertreffen?
  K. H. Büschemann: »Nötig ist eine Mentalität, die Zukunftstechnologien höher einschätzt als Buchhalterkalkül.«
- **Projektmanagement:**
  Innovative und komplexe Vorhaben systematisch zum Ziel führen (siehe Band 60 »Führen in Projekten«).

Zusammenfassung zu Kapitel 1

- Durch Integration der Ziele der Mitarbeiter mit denen des Unternehmens wird dazu beigetragen, dass das Unternehmen mit engagierten Mitarbeitern mehr leistet.
- Diese Integration wird erreicht durch optimales Führen.
- Führen heißt: einen Mitarbeiter bzw. eine Gruppe unter Berücksichtigung der jeweiligen Situation auf gemeinsame Werte und Ziele der Organisation hin zu beeinflusssen. Dazu ist es erforderlich, Spannung zu erzeugen und Energie zum Fließen zu bringen – und Menschen für sich zu gewinnen und sie herauszufordern.
- Es gibt fünf Einflussfaktoren auf Führung: die Führungskraft, den einzelnen Mitarbeiter, die Gruppe, gemeinsame Werte und Ziele und die jeweilige Situation.
- Beeinflussen bedeutet, dass die zwei Grundaufgaben der Führung erfüllt werden: Kohäsion und Lokomotion.
- Kohäsion meint: Herbeiführen und Aufrechterhalten der Zusammengehörigkeit der Gruppe.
- Lokomotion bedeutet: Motivation der Gruppe zum Erreichen des Gruppenzieles initiieren. Lokomotion sichert Ergebnisse.
- Wie schätzen Ihre Mitarbeiter Ihr Verhältnis von Kohäsion zu Lokomotion ein?
- Ist es ausgewogen?
- Wer ergänzt Sie zu einem Führungsdual, wenn das Verhältnis noch nicht ausgewogen ist?

Prüfen Sie selbst: **Bin ich lokomotiv?** Lokomotive Führungskräfte gehen zielgerichtet vor:

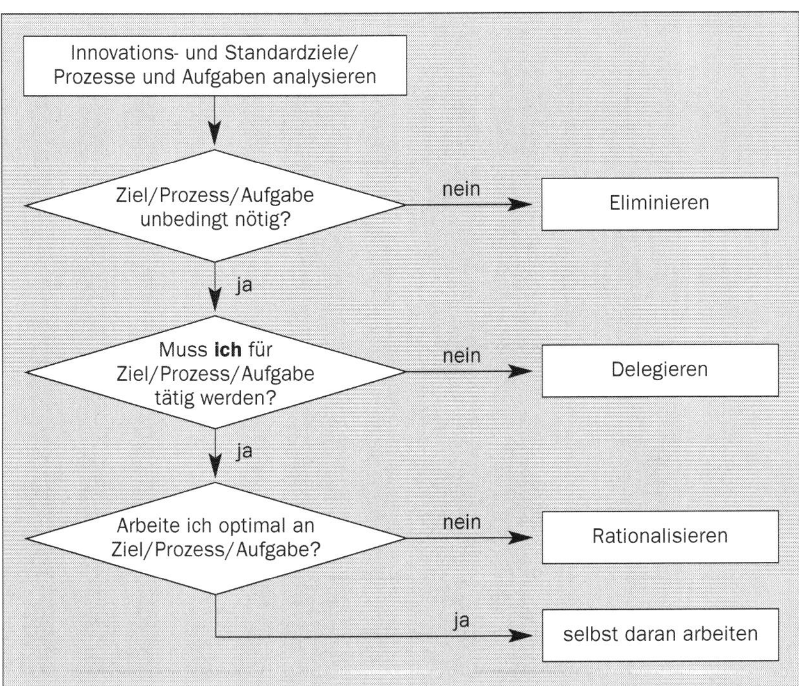

Abb. 4: Lokomotion erfordert methodische und organisatorische Kompetenz (Steinherr, L., Selbstentlastung).

Nun zu den fünf Einflussfaktoren im Einzelnen (s. S. 12).

Die analytischen Jungs kriegst du
im Dutzend billiger – aber Visionen
kannst du nicht kaufen.
Patricia Pitcher

2 Die Führungskraft

2.1 Muss eine Führungskraft Spezialist sein?

Motto: *Eine gute Führungskraft ist mehr Wanderprediger als Buchhalter.*

Führungskräfte sind sich häufig ihrer eigentlichen Aufgaben nicht voll bewusst:

Da stellt ein Bereichsleiter fest: »Die jungen Leute haben heute mehr theoretisches Wissen als wir; man muss vorsichtig sein, um nicht überholt zu werden.«

Eine 53-jährige Prokuristin fordert entsprechend: »Man müsste jährlich vier Wochen Weiterbildung machen, sonst wird man von der Entwicklung im eigenen Fach überrollt.«

Ein 45-jähriger Direktor meint: »Manchmal möchte ich den Dienst quittieren, weil ich mich nicht einmal fachlich qualifiziert fühle und meine Fähigkeiten nur vorgaukele.«

Woraus resultieren solche Meinungen?

Führungskräfte erfüllen zu viele Detailaufgaben oder glauben, sie erfüllen zu müssen. Für manche Führungskräfte gilt daher, was Ludwig Thoma bissig formulierte: »Er ist ein Einser-Jurist und auch sonst von mäßigem Verstande.« Nicht selten werden Führungskräfte kritisiert, die ihre Mitarbeiter entwickeln: »Warum beschäftigen Sie sich so viel mit Ihren Leuten? Machen Sie es doch selbst.«

Daher die Frage: »Muss eine Führungskraft Spezialist sein?«

Abbildung 5 (folgende Seite) verdeutlicht die Antwort:

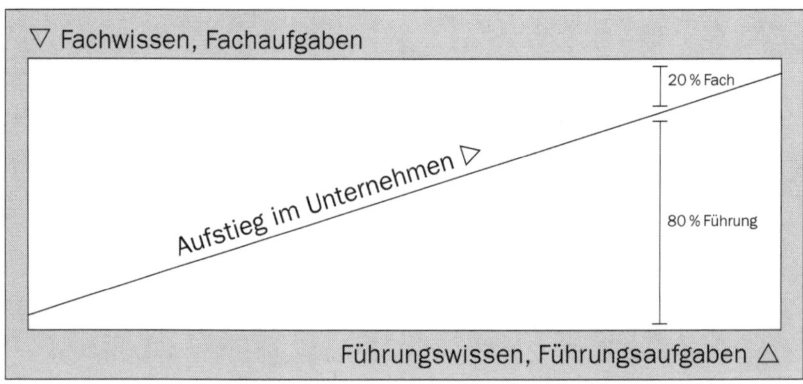

Abb. 5: Das Verhältnis von Führungs- zu Fachwissen/Führungs- zu Fachaufgaben

Die Diagonale stellt den Aufstieg einer Führungskraft im Unternehmen dar. Die linke obere Fläche des Rechtecks stellt das Fachwissen/die Fachaufgaben der Führungskraft dar, die rechte untere Fläche des Rechtecks ihr Führungswissen/ihre Führungsaufgaben. Mit kontinuierlichem Aufstieg im Unternehmen – entlang der Diagonale von links unten nach rechts oben – verkleinert sich die Fläche für Fachwissen/Fachaufgaben, die Fläche für Führungswissen/Führungsaufgaben vergrößert sich.

Abb. 6: Führung ist nicht aufgestiegene Sachbearbeitung! Wenn doch, liegt im Aufstieg ohne Führungskompetenz der Untergang.

Was besagt das? Es zeigt, dass ein Manager, der die Karriereleiter hinaufsteigt, immer mehr Führungsaufgaben und immer weniger Fachaufgaben wahrnimmt. Natürlich hängt das Verhältnis von Führungs- zu Fachwissen/Führungs- zu Fachaufgaben von der Position ab, die eine Führungskraft innerhalb der Hierarchie innehat. Abbildung 5 zeigt beispielsweise eine Führungskraft, bei der Führungs- zu Spezialistenaufgaben im Verhältnis von 80 zu 20 verteilt sind.

Führungskräfte sind keine Spezialisten wie ihre Mitarbeiter. Deren Fachwissen geht in die Tiefe. Qualifizierte Mitarbeiter wissen »von immer weniger immer mehr«. Führungskräfte dagegen sind – abhängig von der Ebene – mehr oder weniger Führungsspezialisten: »Adler fangen keine Fliegen.« Sie verfügen über Methodenkompetenz, Urteilskraft und Entscheidungsfähigkeit – der Mitarbeiter verfügt über die Fachkompetenz. Es darf nicht so sein, wie ein 57-jähriger Hauptabteilungsleiter formulierte: »Man muss sich die Argumente vielfach aus dem hohlen Bauch holen und sich bemühen, das vor den Mitarbeitern zu verbergen.«

Für Spezialistentätigkeiten sind Führungskräfte nicht da. Dafür sind sie unter anderem viel zu teuer. Insofern kritisierte Henry Ford I. einen leitenden Angestellten zu Recht: »Ich sollte Sie entlassen. Sie vergeuden mein Geld mit Tätigkeiten, die ein Mitarbeiter mit einem Drittel Ihres Gehaltes genau so gut erledigen kann.«

Wenn Führungskräfte keine Spezialisten sind, was sind sie dann?

Führungskräfte sind Universalisten, die umfassende Führungsaufgaben wahrnehmen. Hierzu benötigen sie vorrangig Führungswissen, was auch ein Fachwissen ist. Dieses Wissen geht nicht – wie bei den Spezialisten – in die Tiefe. Es geht in die Breite.

Das fachliche Wissen von Führungskräften ist Grundsatzwissen über

- die Tätigkeiten der Mitarbeiter,
- die Methode der Zielvereinbarung.
- verfügbare, alternative Methoden, um die vereinbarten Ziele zu erreichen (Arbeitsmethodik),
- das Gestalten von Kommunikations- und Entscheidungsprozessen,
- Führungspsychologie,
- Führungsethik.

Dieses Wissen ermöglicht der Führungskraft,

- die Mitarbeiter ihrem Reifegrad entsprechend richtig einzusetzen,
- sie koordinierend und durch Coaching zu unterstützen und
- ihre Leistungen über Zielvereinbarungen messbar zu machen.
- die Mitarbeiter vor Verstößen gegen Unternehmenswerte zu bewahren.

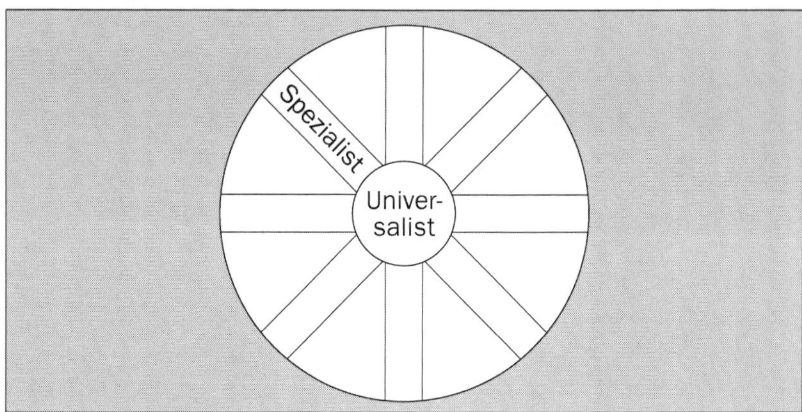

Abb. 7: Das Zusammenwirken von Universalist und Spezialist

Wie Universalisten und Spezialisten zusammenarbeiten, zeigt Abbildung 7: Führungskräfte halten gewissermaßen, wie eine Nabe im Rad, die Mitarbeiter, dargestellt als Speichen, zusammen. Die Nabe ist der Punkt der größten Ruhe im Rad – in dieser Ruhe liegt die Kraft eines Managers: »In der Krise zeigt sich der Meister!« Also nicht: Power ohne Hirn. So sprach ein britischer Oppositionsführer: »Sie verwechseln Aktionismus mit Aktion – alles Taktiken, keine Strategie.«

Manche Führungskräfte verhalten sich allerdings wie »Multi-Spezialisten«. Sie meinen, sie müssten auf allen Gebieten – auch denen ihrer Mitarbeiter – topfit sein. Ihnen geht es dann meist so: »Wer schon die Übersicht verloren hat, sollte wenigstens den Mut zur Entscheidung haben.« So wird man zum psychologisch abgewählten Amtsinhaber.

Prüfen Sie sich selbst:

- Bin ich mehr Universalist oder mehr Spezialist?
- Wie verteilt sich bei mir Führungs- zu Fachwissen in Prozent?

- Was macht mir mehr Freude?
- Gibt es Gebiete, in denen ich mich wie ein Multi-Spezialist aufführe?
- Wie häufig kommt es vor, dass ich sage:
  - »Was habe ich heute eigentlich gemacht bzw. erreicht?«
  - »Nicht noch das bitte!« (Bin ich wie ein Hund, der springt, wenn man ihm ein Stöckchen hinhält?)
  - »Es wird mir alles zu viel!«
  - »Am liebsten würde ich den ganzen Kram hinwerfen!«
  - »Warum eigentlich mache ich mich immer für andere kaputt?«

(Bitte ergänzen Sie diese Aussagen)

Aussage eines Tanzlehrers: »Wer führt, darf nicht dauernd durch die Gegend rennen.«

Fühle ich mich so, wie der Mensch in Abbildung 8?

Abb. 8: »Ich hatte mir den Chef als Dirigenten eines Orchesters vorgestellt – nicht als Marionette.«

Warum verhalten sich Führungskräfte oft wie Spezialisten?

Hier einige Zitate:

Die 52-jährige Leiterin eines Konstruktionsbüros erklärt: »Meine Führungsaufgaben sind deshalb so schwierig für mich, weil ich nirgends ausdrücklich in Menschenkenntnis und Menschenführung geschult wurde.«

»Fachlich wird viel in die Ausbildung investiert, psychologisch jedoch nichts.«

Ein 34-jähriger Geschäftsleitungsassistent bestätigt: »Technisch sind wir perfekt, in der Menschenführung aber archaisch.«

Und der Führungsexperte Henry Mintzberg attestiert MBA-Absolventen: »Auf Führungaufgaben nicht vorbereitet.«

Als »Distanzierungsdilemma« wird dies bezeichnet:

Es entsteht, wenn ein Fachmann zum Chef befördert wird. Er entfernt sich in diesem Moment von seiner bisherigen Informationsbasis. Wer nicht wirklich Menschen führen will, entwickelt dann allzu leicht das Gefühl, inkompetent zu werden.

Zielsetzung muss also sein: Weg vom geistigen Facharbeiter, dem sein Spezialwissen wie eine störende Klette anhängt. Hin zur Führungskraft, die auch in kritischen Situationen auf Kohäsion und Lokomotion achten kann – ohne den Ballast zu vieler Details.

»Ich bin so intelligent, dass ich Leute für mich arbeiten lasse, die schlauer sind als ich.«

Fürchte ich mich davor, ein Universal-Dilettant zu sein, wenn ich nicht mehr Multi-Spezialist bin?

Ex-Shell-Chef Peter Voser sagte im SZ-Interview: »Jeder, der Karriere machen will, muss lernen zu delegieren. Das ist wohl das Schwierigste in der gesamten Laufbahn. Man ist es gewohnt, sich mit den Details seiner Arbeit zu beschäftigen. Aber je weiter man aufsteigt, desto weniger darf man zeigen, dass man all diese Details beherrschen will. Man will ja seine Mitarbeiter fördern ... Man muss lernen, sich zurückzuhalten.«

Eine Seminarteilnehmerin formuliert es so: »Ich will keinen Torschützenkönig sondern einen Leader« – und entlässt einen Top Performer wegen der negativen Grundeinstellung seinen Mitarbeitern gegenüber.

Altbekannt und eigentlich ganz einfach: »Der, der am besten feilen kann, ist noch lange nicht der beste Meister.«

So wechselten 2022 zwei branchenfremde Manager in Top-Positionen:

- Sander van der laan von der Konsumgüterindustrie zu Douglas
- Jürgen Otto von der Autozulieferindustrie zu S. Oliver.

Beantworten Sie sich nun selbstkritisch die folgenden Fragen:

a) Womit verbringe ich meine Arbeitszeit?

______ % mit ______________________________

______ % mit ______________________________

______ % mit ______________________________

b) Wie viel % der Zeit investiere ich in Führungsaufgaben?

______

Wie viel % der Zeit investiere ich in Spezialisten- oder Routine-Tätigkeiten?

______

c) Was muss ich *unbedingt* selbst tun?

1. ______________________________
2. ______________________________
3. ______________________________

d) Welche Routine-, Detail- und Spezialistenaufgaben will ich bis wann delegiert haben?

1. ______________________ Termin: ______
2. ______________________ Termin: ______
3. ______________________ Termin: ______

e) Welche sind meine vier wichtigsten messbaren Ziele?

1. Innovationsziel: ______________________
2. Standardziel: ______________________

3. Persönliches Entwicklungsziel: ____________________

4. Integriertes Ziel: ____________________

f) Und welche die meiner Mitarbeiter?

1. Innovationsziel: ____________________

2. Standardziel: ____________________

3. Persönliches Entwicklungsziel: ____________________

4. Integriertes Ziel: ____________________

Bis wann erhalten Sie die Vorschläge Ihrer Mitarbeiter?

g) Was muss ich wem von meinen Mitarbeitern vermitteln – zum Beispiel durch Coaching oder Training –, damit sie fähig und motiviert sind, erfolgreicher zu arbeiten?

1. ____________________

2. ____________________

3. ____________________

4. ____________________

2.2 Welche Einstellung haben Führungskräfte gegenüber ihren Mitarbeitenden?

Motto: *Führung in modernen, agilen Arbeitswelten erfordert ein humanistisches Menschenbild.* (Armin Trust)

Die Zielsetzung: »Weg vom Spezialisten – hin zur Führungskraft« erfordert neben dem Bemühen um die Ausgewogenheit von Kohäsion und Lokomotion auch eine bestimmte Einstellung zu den Mitarbeitern. Jedes Verhalten wird durch Einstellungen mitbestimmt. Diese Einstellungen basieren auf den Werten der Führungskraft:

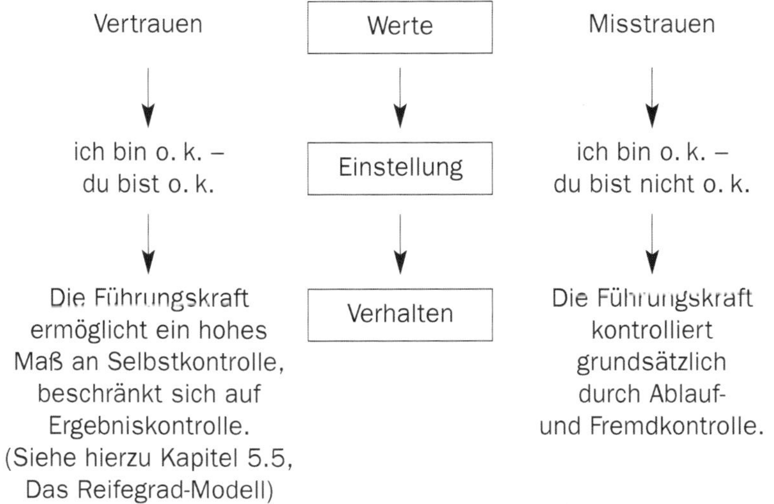

Hier zwei Grundeinstellungen (nach McGregor), die **»X-Theorie«** und die **»Y-Theorie«:**

Die X-Theorie ist durch folgende drei Annahmen gekennzeichnet:

- Der Mensch ist von Grund auf faul, ohne Initiative und Ehrgeiz.
- Der Mensch drückt sich daher um Arbeit und Verantwortung, wo immer er kann.
- Um Ergebnisse zu erzielen, müssen die Menschen also angewiesen, kontrolliert, ja gezwungen werden. Erst die Androhung von Strafe oder die Manipulation durch Boni bringt sie zu ausreichender Leistung.

Diese drei Annahmen führen zur Einstellung: »Meine Mitarbeiter sind alle nur Esel.« Oder mit den Worten eines Produktionsleiters: »Nullen – nichts als Nullen!« So erfolgt ein permanenter Angriff auf das Selbstwertgefühl der Mitarbeiter. Eine Mitarbeiterin über ihren Chef: »Wir sind doch hier nur Krümel«.

Das Motto der X-Theorie lautet:

> »Vertrauen ist gut, Kontrolle ist besser.«

Oder auch:

> »Ich bin o. k. du bist nicht o. k.!«

Ein Beispiel für einen X-Theoretiker:

Ein Revisionsbericht wird besprochen. Ohne lange Vorrede streicht die Abteilungsleiterin auf der ersten Seite ganze Sätze durch. Dicke Fragezeichen malt sie auf der zweiten Seite. Einmal notiert sie »ziemlich dürftig«, ein anderes Mal »bla, bla«. Die letzte Seite streicht sie ganz durch und bemerkt zynisch: »Typisch altfränkisch.«

Das alles in Gegenwart ihres Mitarbeiters.

Ein Bonmot von Karl Valentin charakterisiert die Einstellung des X-Theoretikers: »Sicher is, dass nix sicher is. Drum bin i lieber gleich misstrauisch.«

Nur 13 Prozent der durch Gallup 2022 Befragten erleben ein durch gute Führung positiv geprägtes Arbeitsumfeld; 18 Prozent haben bereits innerlich gekündigt. Die volkswirtschaftlichen Kosten hierfür belaufen sich auf mind. 118 Mrd. Euro.

Abb. 9a: Die X-Theoretiker

Die Y-Theorie dagegen ist durch folgende fünf Annahmen charakterisiert:

- Der Mensch ist erfinderisch und fantasievoll, wenn er es nur sein darf.
- Körperlicher und geistiger Einsatz beim Arbeiten sind für ihn so natürlich wie bei Sport und Spiel.
- Menschen spornen sich selbst an, um sich zu entwickeln.
- Menschen sind nicht nur bereit, Verantwortung zu tragen – sie suchen sie.
- Menschen können und wollen sich – abhängig vom Reifegrad – selbst kontrollieren. (siehe 5.5)

Das Motto der Y-Theorie:

»Ohne Vertrauen geht es nicht, Selbstkontrolle ist besser.«

Oder auch:

»Ich bin o. k., du bist o. k.!« Und: »Nobody is perfect.«

Wie verhält sich ein Y-Theoretiker?

Er traut nicht nur sich selbst etwas zu – er traut auch anderen Menschen etwas zu: Daher delegiert er Verantwortung und verleiht seinen Mit-Denkern Power. So macht er sie erfolgreich – und sich selbst.

Christoph Hanke: »Es bedeutet beispielsweise, dass Führungskräfte offen sind für unterschiedliche Werte, Einstellungen, Verhaltens- und Arbeitsweisen der verschiedenen Generationen, um deren besondere Stärken zum Vorteil aller Beteiligten zu realisieren.

Damit ist die Wahrnehmung der neuen Rollen jeder Führungskraft in einer neuen Führungskultur verbunden. Führungskräfte werden zu professionellen und leidenschaftlichen Sinn-Entfaltern, Talente-Entwicklern und Gewinn-Organisatoren – und zwar in allen Funktionsbereichen und auf allen Führungsebenen.«

Wenn ich Menschen Freiheit gebe, sind sie zu ungeahnten Leistungen fähig – sie geben dann alles. Alles für den Leader, alles für die Mannschaft, alles für den Kunden! Weil sie sich respektiert fühlen und ihre Stärken ausspielen dürfen!

Hier ein Beispiel:

- Ein hoher Politiker X will einen ausländischen Diplomaten Y verabschieden. Wegen eines Maschinenschadens kann das Flugzeug jedoch nicht starten. Politiker X fragt seinen Gast Y: »Am besten ist es wohl, dem Luftfahrtminister das Abschiedsgesuch nahezulegen?« Darauf Y: »Befördern Sie ihn. Seien Sie froh, dass seine Leute den Fehler auf dem Boden gefunden haben.«

Welche Y-theoretischen Beispiele fallen Ihnen ein?

Zum Beispiel Bill Hewlett: »Ich bin der Überzeugung, dass Männer und Frauen gute und kreative Arbeit leisten wollen und diese auch leisten werden, wenn sie über das entsprechende Umfeld verfügen.«

Abb. 9b: Die Y-Theoretiker

Fassen wir das Charakteristische am X- und Y-theoretischen Verhalten zusammen:

Der X-Theoretiker fragt:

- Was ist an dieser Arbeit schlecht?
- Wo kann ich kritisieren?
- Wer ist daran schuld?

Er macht häufig aus einer Mücke einen Elefanten, aus einem kleinen Fehler eine Katastrophe. Und er erliegt der Illusion, alles unter Kontrolle zu haben.

Der Y-Theoretiker fragt:

- Was ist an dieser Arbeit gut?
- Was muss noch besser gemacht werden?
- Wie kann er/sie es noch besser machen?
  - Was für ein Problem liegt vor?
  - Was ist seine Ursache?
  - Wie können wir das Problem lösen? (z. B. durch Ausbildung)

Der Y-Theoretiker fragt nie zuerst: Was ist an dieser Arbeit schlecht?

Er sucht nicht nach einem Schuldigen, sondern nach einer Lösung und kommentiert: »Das ist ein hochinteressanter Fehler!«. Er regt damit zum Vor-Denken an. So entstand bei 3M aus einem nichtklebenden Klebstoff der Umsatzbringer Post-it.

Der Y-Theoretiker freut sich über den von seiner Frau geschenkten Bierkrug aus Steingut, auch wenn er Bier lieber aus Gläsern trinkt. Er weiß, dass der Krug liebevoll ausgesucht ist. Das bestätigt seine Einstellung: »Andere Menschen denken an mich.«

Bertrand Piccard: »Wir können bei jeder Lebenskrise entscheiden, ob wir sie als Abenteuer annehmen, also als etwas, das uns zum Umdenken bringt oder als ein Problem, das uns zerstört.

Auch im Betrieb gilt: Führen ist, andere bei Erfolgen zu entdecken und sie auf's Siegertreppchen zu hieven. So bekommt das Management die Arbeitsbeziehungen beschert, die es verdient.
»Je größer die Rolle, desto bescheidener sollte man sein.« (Margarethe Verstager)

Die Sozialwissenschaften bestätigen die Y-Theorie als die wirkungsvollere.

- Welcher Einstellung neige ich mehr zu, X oder Y?

____

- Sind mir die spezifischen Erfahrungen aus Familie, Schule, Ausbildung bewusst, aufgrund derer ich mich für die eine bzw. die andere Richtung entschieden habe?

____

- Wie bin ich meinem Chef/meinen Kollegen/Mitarbeitern/Kunden/ Lieferanten und meiner Familie gegenüber eingestellt?

  ___

- Welchen Zusammenhang sehe ich zwischen meiner Einstellung, meinem Verhalten und den Reaktionen anderer?

  ___

- Was werde ich tun, um mein Selbstbild zu prüfen? (z. B. mein Verhalten beobachten, andere fragen)

  ___

Was ist zu tun, um zu einer Y-theoretischen Einstellung zu gelangen?

Drei Wege sind gangbar:

1. Ein erster Weg geht über die unmittelbare Einstellungsänderung. Wer auf diese Weise Y-Theoretiker wird, muss sich nicht sofort auch so verhalten. Nicht immer wird Saulus blitzartig zum Paulus.

2. Ein zweiter Weg der Änderung führt über die Änderung des Verhaltens. Zum Beispiel gibt der Chef keine Ziele vor sondern vereinbart sie.

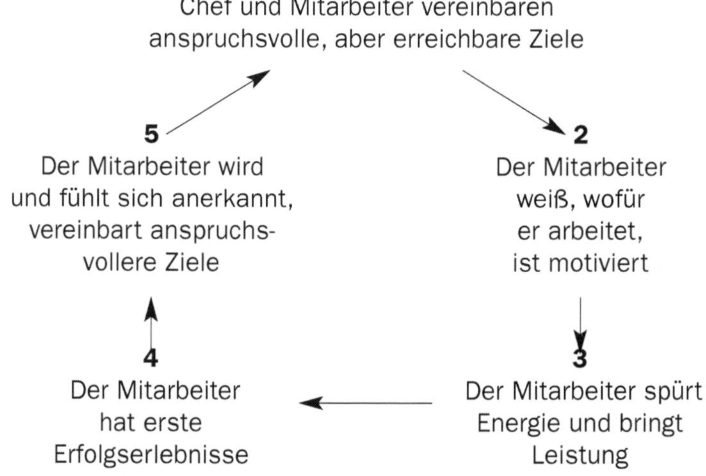

Es gibt Führungskräfte, die ständig kleiner Fehler wegen an ihren Mitarbeitern herumnörgeln, echte Leistungen aber nicht anerkennen. Kleine Fehler sind auch einmal zu übersehen und Leistungen bewusst anzuerkennen. Ist es verwunderlich, wenn Mitarbeiter auf solches Verhalten mit Hilfsbereitschaft und Einsatzfreude reagieren? Geht es Ihnen anders, wenn Sie anerkannt werden? Die positive Reaktion der Mitarbeiter führt zum Aha-Effekt bei der Führungskraft: Die Einstellung beginnt sich zu ändern, nachdem sich das eigene Verhalten – Anerkennung statt Tadel – positiv ausgewirkt hat.

3. Der dritte Weg der Einstellungsänderung ist der über die Änderung der Situation, der organisatorischen Rahmenbedingungen.

   Praktisch heißt das: Kooperation fördert die positive Einstellung der Organisationsmitglieder zueinander. Häufig gilt allerdings: »Konkurrenz ist im Unternehmen notwendig, sonst wird nichts geleistet.« Im »Kampf aller gegen alle« wird Leistung vergeudet, werden Energien verschlissen.

Kooperation bringt mehr Leistung und Engagement – getreu dem Motto: Allein spielen genügt nicht, zusammenspielen ist alles. So wird aus einer »Mannschaft mit Stars eine Star-Mannschaft«, wie es der Fußballtrainer Lobanowski aus Kiew formuliert hat.

Zusammen unschlagbar! (Motto der Special Olympics, Berlin 2023) Hockey-Trainer Klaus Heinze: »Wir sind als Team zusammen gewachsen!« (nach dem Gold-Sieg über Niederlande)

Wenn Competition, dann so:

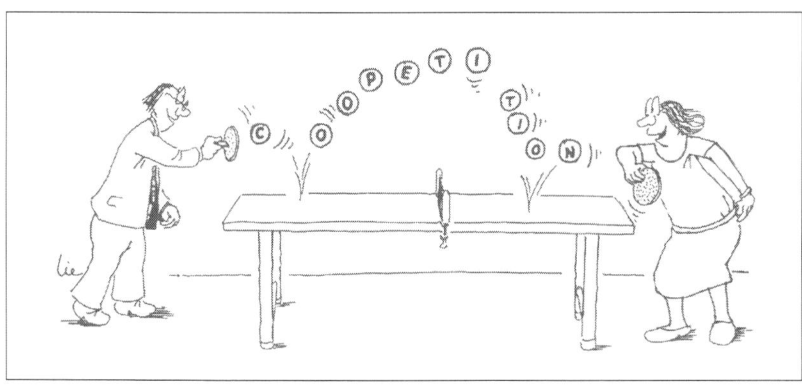

Abb. 10: Coo-petition (Cooperation und Competition)

Um Kooperation zu erzeugen, braucht es Mut zur Führung: So hat das egozentrische Auftreten Fernando Alonsos »Ferrari-Chef Montezemolo zu einer ungewöhnlichen Maßnahme veranlasst ... Er habe ihn daran erinnert, dass alle großen Champions, die für Ferrari gefahren sind, stets angehalten waren, die Interessen des Teams über ihre eigenen zu stellen.« (SZ)

Einstellungsänderungen können dauern.

Das hat Nachteile – aber auch zwei Vorteile:

- Der Zeitraum, der notwendig sein kann, um eigene Einstellungen dauerhaft zu ändern, schützt vor Manipulation. Die in dieser Zeit besonders hohe Selbstkritik schützt davor, das Mäntelchen nur in den Wind zu hängen, ohne wirklich überzeugt zu sein.
- Ständigem Bemühen wird widerspruchsfreies Handeln folgen. Sie werden mit Ihren Mitarbeitern nicht einerseits neue und verantwortungsvolle Ziele vereinbaren und ihnen Kompetenzen sowie Verantwortung übertragen, ihnen andererseits aber in entscheidenden Fragen das Wort verbieten.

Konkret: Eine Führungskraft, die kritisch den Nutzen der Y-Theorie und der Kooperation geprüft hat und sich erst dann entscheidet, nützt Unternehmen und Mitarbeitern mehr als die Führungskraft, die ohne innere Überzeugung Vorschläge übernimmt:

Lieber ein echter Kooperativer nach zwei Monaten als ein falscher scheinkooperativer Wendehals nach 14 Tagen.

Hier erfreuliche Beispiele für echte, zeitgemäße Kooperation (Thomas Sattelberger in, »Firma zum Mitmachen«):

- In der Hamburger Firma Elbdudler legen die Mitarbeiter sämtliche Gehälter in einer offenen Diskussion gemeinsam fest.
- In der Schweizer Software-Firma Umantis wählen Hunderte Mitarbeiter ihre Führungskräfte.
- Beim Berliner Gaming-Unternehmen Wooga entschieden die Mitarbeiter über Produktentwicklungen.

2.3 Welche Verhaltensmuster gibt es für Führungskräfte?

Motto: *Der wichtigste Erfolgsfaktor ist eine Mischung aus persönlicher Bescheidenheit und beruflicher Entschiedenheit.*

Um sich vor dem Hintergrund einer Y-theoretischen Einstellung lokomotiv und kohäsiv verhalten zu können, braucht eine Führungskraft mit Situationsgespür zwei Verhaltensmuster:

- Eine Führungskraft wird dann lokomotiv sein, wenn sie über action flexibility verfügt.
- Eine Führungskraft wird dann kohäsiv sein, wenn sie über social sensibility verfügt.

Führungsfunktionen	**Führungsfähigkeiten und Verhaltensmuster**
Kohäsion Herbeiführen und Aufrechterhalten der Stabilität der Gruppe. Festigt den Zusammenhalt.	social sensibility/ emotionale Intelligenz Gespür für das Verhalten von Individuen und Gruppen.
Lokomotion Beeinflussen der Gruppe zum Erreichen des Gruppenzieles. Sichert Ergebnisse.	Zielbewusstsein gekoppelt mit action flexibility: sich auf wechselnde Situationen flexibel einstellen können. Methodische und organisatorische Kompetenz.

Action flexibility ermöglicht,

- entweder: ein Verhalten zu praktizieren, das der Situation angemessen ist. Dies erfordert, das eigene Verhalten zu ändern.
- oder: die Situation so zu verändern, dass ich mit ihr leben kann.

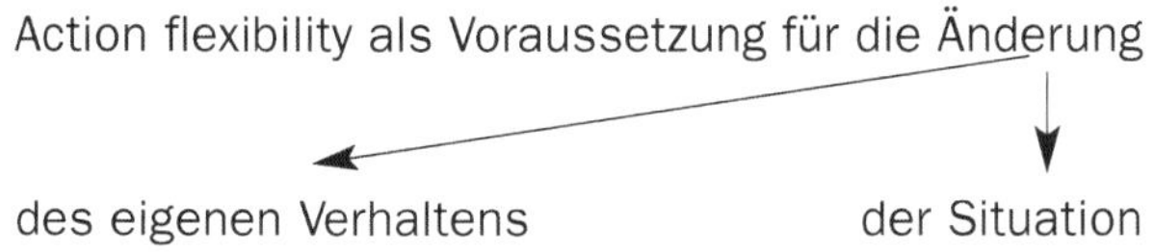

Action flexibility als Voraussetzung für die Änderung

des eigenen Verhaltens — der Situation

Die Forderung nach action flexibility findet sich in dem pietistischen Gebet: »Ich möchte den Mut haben, zu ändern, was ich ändern kann, die innere Gelassenheit, mich mit dem abzufinden, was ich nicht ändern kann, und die Weisheit, den Unterschied zu erkennen.«

Hierzu ein Beispiel:

- Einer Gruppe amerikanischer Manager wurde bei einem Auswahltest unter anderem die Aufgabe gestellt, einen Fluss zu überqueren. Um zu schwimmen, war der Fluss jedoch zu breit, zu reißend und voller Strudel. Bäume für den Bau einer Brücke oder eines Floßes gab es weit und breit nicht. Das notwendige Werkzeug war auch nicht vorhanden. Es war absolut unmöglich, das andere Ufer zu erreichen.

  Einer der Manager erkannte dies nach kurzer Zeit und schlug vor, im nächsten Gasthaus ein Bier zu trinken. Die Gruppe folgte ihm. Der Manager wurde angestellt: Er hatte action flexibility bewiesen und nicht versucht, in einer »pathologischen Situation« erfolgreich zu sein.

Was heißt social sensibility? Wörtlich übersetzt: »soziales Empfindungsvermögen.«

Social sensibility bezeichnet das Gespür für die Befindlichkeit und das daraus resultierende Verhalten von Individuen und Gruppen. Dieses Gespür fehlt manchen Führungskräften.

Woran liegt das?

Ein Grund für mangelnde social sensibility ist unsere starke Rationalität. Das haben wir während unserer Ausbildung zur Ingenieurin, zum Volks- und Betriebswirt, Mathematiker und Juristin mitbekommen. So haben wir emotionale Intelligenz und Psycho-Logik zugunsten einseitiger Fach-Intelligenz verlernt.

Ein anderer Grund ist, dass manche Führungskräfte glauben, tatsächliche oder eingebildete Unzulänglichkeiten überspielen zu müssen. Sie tun dies, indem sie Kontrollgewalt ausüben.

Sie werden dadurch blind gegenüber eigenen und fremden Gefühlen. (»Selbstbewusstsein des eingeengten Horizontes«). Dabei titelte die »Psychologie Heute«: »Schwäche zeigen! Was wir gewinnen, wenn wir unsere Gefühle vor anderen offenlegen!«

So kommt es, dass Führungskräfte häufig unfähig sind, konfliktträchtige Spannungen in Gruppen und persönliche Probleme der Mitarbeiter rechtzeitig zu diagnostizieren.

Nach einer Imagestudie ist der deutsche Manager charakterisiert durch Abwesenheit von Wärme, Sympathie und Humor. **Er** hat die Dinge im Griff. Wie wäre es, wenn die Mitarbeiter sagen: »**Wir** haben verstanden«?

Hier als Beispiel die Aussage über einen ehemaligen Minister von einem seiner engsten Mitarbeiter:

- Er »… lebt in der Vorstellung, alle Welt sei für ihn da. Er vergisst dabei, anderen das Gefühl zu vermitteln, dass auch er für alle Welt da sein sollte.«

In der Persönlichkeit des Narzissten ist dies extrem ausgeprägt – und potenziell gefährlich:

Der Narzisst (nach Stefan Röpke)

- hält sich für grandios und brillant, fantasiert über grenzenlosen Erfolg.
- benötigt exzessive Bewunderung.
- zeigt Mangel an Einfühlungsvermögen.
- ist leicht zu kränken.
- bricht bei Kritik rasch in Wut aus – wertet dann andere ab.
- hat starre Denk- und Verhaltensmuster – stellt sich nicht flexibel auf Neues ein.
- leidet an sich selbst (wenn pathologisch).

Wen haben Sie vor Augen, wenn Sie diese Merkmale lesen?

Müssen wir uns noch über Beschwerden, Kündigungen und unter Umständen offene Sabotage wundern, wenn Führungskräfte zwischen den Menschen, aber nicht mit ihnen leben?

Führungskräfte können mit mehr gegenseitigem Vertrauen, mit mehr Achtung und besserer Kommunikation rechnen, wenn sie

- sich in ihre Mitarbeiter hineindenken,
- sich für die Erwartungen ihrer Mitarbeiter interessieren,
- ihre Mitarbeiter bei ihren Entscheidungen berücksichtigen,
- unmittelbaren Kontakt schaffen,
- sich für die Wechselbeziehungen zwischen den Gruppenmitgliedern aufgeschlossen zeigen.

Eine Führungskraft, die sich so verhält, zeigt, dass sie über social sensibility verfügt, dass sie die Forderung nach Kohäsion erfüllt.

Mit der Checkliste können Sie sich fragen, wie es mit Ihrem »Gespür« für andere Menschen aussieht.

Checkliste zur sozialen Sensitivität: Sind Sie auf Problem- oder Konfliktsituationen vorbereitet?		
	bekannt	unbekannt
1. Welcher Mitarbeiter ist einer größeren Arbeitsbelastung am wenigsten gewachsen?	☐	☐
2. Welcher Mitarbeiter wird bei einer psychischen Belastung als erster »durchdrehen«?	☐	☐
3. Welcher Mitarbeiter ist am unselbstständigsten und beansprucht mehr Ihrer Zeit als wünschenswert? Wer kommt immer wieder mit ähnlichen Fragen auf Sie zu?	☐	☐
4. Wer bewegt sich unter Ihren Mitarbeitern am sichersten? Wer kann Fragen am besten beantworten, Probleme am raschesten lösen?	☐	☐
5. Kennen Sie die Kollegen, die Sie »auf die Palme bringen«?	☐	☐
6. Wissen Sie, ob Sie sich Niedergeschlagenheit anmerken lassen?	☐	☐
7. Was tun Sie, wenn sich Ihr Chef ungerechtfertigt über Sie ärgert?	☐	☐
8. Wer von Ihren Mitarbeitern reagiert auf Kritik am empfindlichsten?	☐	☐
9. Welche Methoden helfen Ihnen, mit Ärger fertig zu werden?	☐	☐
10. Wie verhalten Sie sich gegenüber jemandem, der wütend ist?	☐	☐

Anmerkung:

Haben Sie bei kritischer Selbstprüfung mehr als drei dieser Fragen in der Spalte »unbekannt« angekreuzt? Dann liegen Sie unter der Norm dessen, was an sozialer Sensitivität gefordert wird.

Offen bleibt die Frage nach den Eigenschaften, über die eine Führungskraft verfügen sollte. Trotz zahlreicher Untersuchungen ist diese Frage nicht befriedigend zu beantworten.

In zahlreichen Katalogen werden zwar Managereigenschaften aufgeführt, aber:

- Was nützt uns beispielsweise alle Initiative, wenn wir in einem verschlafenen Betrieb arbeiten?
- Was nützt alles Durchhaltevermögen, wenn die Situation ziel-orientierte Energie und Ausstrahlungskraft erfordert? (I Ging: »Und jetzt setze der Berg sich in Bewegung«)
- Was nützt Dynamik, wenn die Situation zwingt, geduldig zu sein? (I Ging: »In der Krise sei der Führer wie ein Berg.«)

Alle Eigenschaften nützen also nur dann etwas, wenn sie der jeweiligen Situation entsprechend eingesetzt werden können.

Die beiden umfassenden Verhaltensmuster »action flexibility« und »social sensibility« sind jedoch von der Situation unabhängig erforderlich.

Und grundsätzlich wichtig für jede Führungskraft bleiben

die »Big Five« der Persönlichkeit:

- Extraversion (aktiv, impulsiv, gesellig)
- Emotionale Stabilität (mutig, optimistisch, gelassen)
- Verträglichkeit (freundlich, flexibel, vertrauensvoll, kooperativ)
- Gewissenhaftigkeit (verlässlich, sorgfältig, organisiert)
- Offenheit für Erfahrungen (einfallsreich, aufgeschlossen)

2.4 Welches sind die wichtigsten Führungsaufgaben?

Führer fragen:
Was ist der Sinn? Wozu? Sie gestalten und verändern das System.

Manager optimieren etwas, das es schon gibt. Sie fragen:
Was? Wer? Wie? Bis wann? Wie teuer?

Welche einzelnen Führungsaufgaben werden basierend auf Lokomotion und Kohäsion wahrgenommen?

Hier zehn wichtige Führungsaufgaben:

- Mitarbeiter auswählen, beurteilen, fördern (lassen)
- Anstoß geben zu Problemfindung und Innovation
- Ziele vereinbaren
- Planen (lassen)
- Entscheiden (lassen)
- Delegieren
- Koordinieren und organisieren (lassen)
- Kommunizieren und Konflikte managen
- Motivation initiieren
- Reifegradspezifisch kontrollieren

Wir skizzieren jetzt diese zehn Führungsaufgaben. Finden Sie bitte selbst heraus, welche der zehn Führungsaufgaben mehr zielgerichtet sind – also mehr lokomotiv – und welche auf die Gruppe ausgerichtet sind – also mehr kohäsiv. Prüfen Sie bitte auch, welche Aufgaben sowohl Lokomotions- als auch Kohäsionselemente beinhalten.

2.4.1 Mitarbeiter auswählen, beurteilen, fördern (lassen)

Motto: *Ein Selbst entwickeln, sich selbst entwickeln, sich von selbst entwickeln.* (Oswald Neuberger)

Peter Drucker meint: »Alle guten Manager, die ich kenne, verbringen eine Menge Zeit damit, sich zu fragen, für was ist er/sie wirklich geeignet? Wo gehört er/sie eigentlich hin? Gehört er/sie vielleicht gar nicht hierher?«

Kaum zu glauben: »Oft stehen die genauen Aufgaben für einen neuen Mitarbeiter noch gar nicht fest, wenn eine Firma mit der Suche beginnt.« (Daniela Mühlenhoff)

Sinnvolle **Mitarbeiterauswahl** setzt zunächst die Definition der Ziele voraus, die mit dem neuen Mitarbeiter vereinbart werden und die er erreichen wird. Auch der Bewerber hat seine Ziele geklärt.

Abb. 11: »Investitionsrechnungen beim Kauf von Maschinen sind sinnlos, wenn man beim Engagieren von Mitarbeitern nachlässig verfährt.«

Diese beiderseitigen Ziele sind notwendig für eine gezielte Suche und um die Frage beantworten zu können: Wann ist ein Bewerber für diese Position geeignet?

Mit Auswahlinstrumenten wie Lebenslaufanalyse, psychologischen Testverfahren, Interview und Gruppengespräch werden die Bewerber auf ihre Eignung geprüft. Assessment-Center kombinieren vielfältige Methoden und können die Zuverlässigkeit von Aussagen über Bewerber erhöhen. Die Voraussetzung ist allerdings, es wird methodisch sauber gearbeitet.

Denn: »Das Unangenehme an solchen Gruppensituationen ist, dass die Bewerber oft nicht wissen, warum sie bestimmte Tests oder Rollenspiele absolvieren sollen. Ob Teamarbeit gefragt ist oder ob man Durchsetzungsvermögen unter Beweis stellen soll, erklärt niemand. Dadurch wird, eigentlich ohne Not, mehr Stress erzeugt als bei Gesprächen unter vier oder sechs Augen.« (Isa Hofinger).

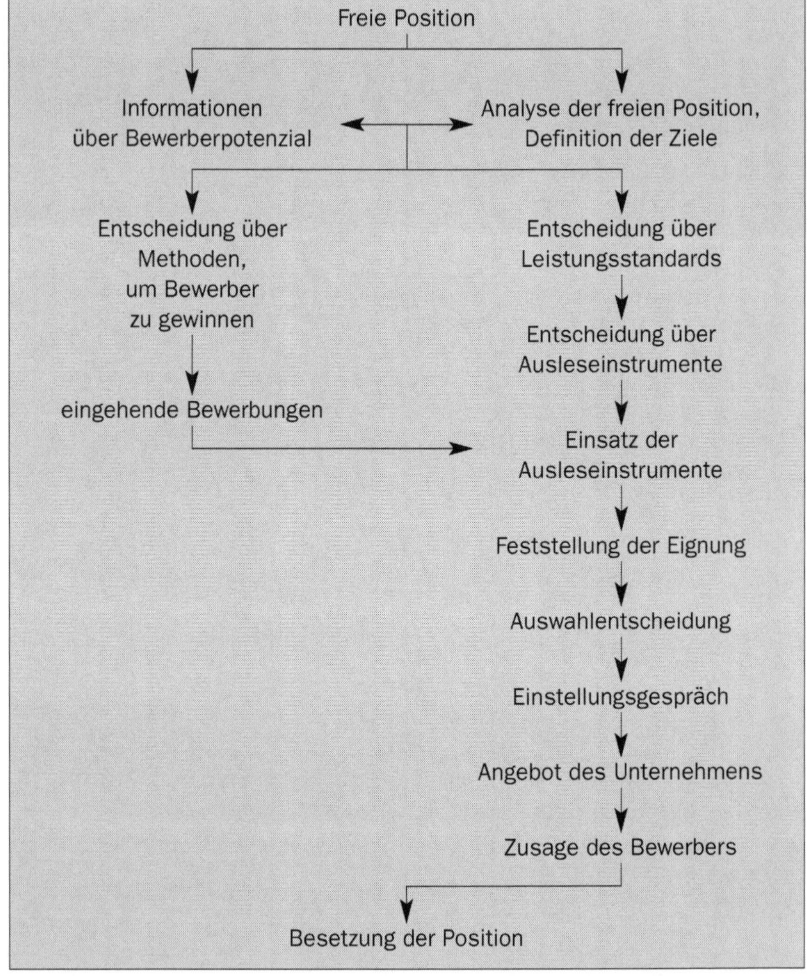

Abb. 12: Vorgehen bei der Mitarbeiterauswahl (nach Rolf Rüttinger): Warum ist die Einstellung eines Mitarbeiters einer der simpelsten Prozesse im Unternehmen?
»Wer nicht weiß, wonach er sucht, darf sich nicht wundern, wenn er es nicht findet!«

Künftige Kollegen werden in die Auswahl einbezogen – insbesondere zur Beurteilung der sozialen Kompetenz.

Nach der Einstellung folgt die wichtige Onboardingphase: **Orientierung- und Integration:** Der Mitarbeiter fragt, hört zu, versteht, knüpft vertrauensvolle Beziehungen, arbeitet sich ein. Danach sind seine Stärken bekannt – und Ansätze, um sich zu verbessern.

In periodischen Abständen findet zwischen Führungskraft und Mitarbeiter ein **Zielvereinbarungs-, Beurteilungs- und Förderungsgespräch** statt, in dem beurteilt wird:

- Erreicht der Mitarbeiter die vereinbarten Ziele?
- Hält er die vereinbarten Termine ein?
  Liefert er die vereinbarte Qualität und Quantität?
  Bleibt er im Rahmen seines Budgets?
- Wie arbeitet der Mitarbeiter mit Kollegen, Kunden und Führungskräften zusammen? Was trägt er bei, um integrierte Ziele zu erreichen?

  Bei Führungskräften lautet die Frage: Wie ist ihr Führungsverhalten?
- Wie selbstständig arbeitet er? Wie ist sein »Reifegrad«?
  (siehe Kap. 3.2 und 5.5)
- Wo gab es einen »hochinteressanten Fehler« des Mitarbeiters, aus dem sich ein Innovationsziel oder ein persönliches Entwicklungsziel ableiten lässt?

Nur die Aussprache über die gemeinsame Beurteilung und das Erzielen eines Konsenses stellen sicher, dass die

zwei Schwerpunktziele des Mitarbeitergesprächs erreicht werden:

- Verständnis für die beiderseitigen Probleme und damit Fördern der Zusammenarbeit, der Kohäsion. »Entscheidend ist nicht die feste Form des Bewertungsverfahrens, sondern das Klima, in dem das Gespräch stattfindet« (nach Edwards). So symbolisiert das Mitarbeitergespräch, dass sich der Chef Zeit nimmt, um mit dem Mitarbeiter über dessen (Berufs-)Leben vorzudenken. Und das nicht nur einmal im Jahr!

  Helfen S i e Ihren Mitarbeitern, einen (beruflichen) Lebensentwurf zu entwickeln? Tun sie dies durch eine

- sinnvolle Förderung des Mitarbeiters, die sowohl die Interessen des Mitarbeiters als auch die des Unternehmens berücksichtigt. Sonst sind allenfalls kurzfristige Erfolge zu erwarten. Dave Packard: »Es ist unwahrscheinlich, dass wir bessere Mitarbeiter finden als die, die jetzt im Unternehmen beschäftigt sind.«

Unterstützendes Führungsverhalten

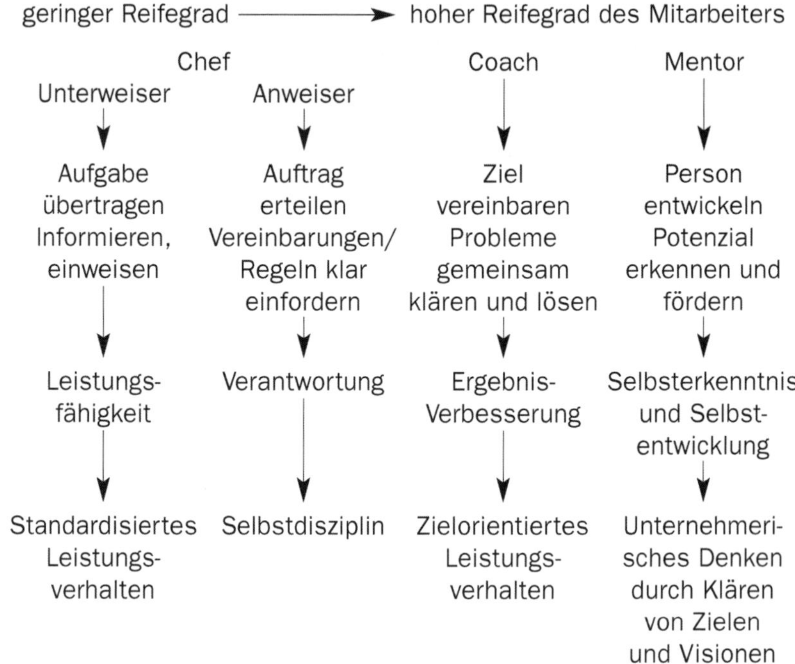

»Führen ist die Kunst, den Schlüssel zu finden, der die Schatztruhe des Mitarbeiters aufschließt.« (Pater Anselm Grün)

Mögliche Förderung- und Entwicklungsmaßnahmen:

- Training
  - Classroom: Das klassische Training im Seminarraum, insbesondere für persönlichkeitsentwickelnde Trainings und Trainings mit teambildenden Aspekten bleibt unschlagbar
  - Online: Training im virtuellen Raum – spätestens seit der Coronapandemie für Fach- und Methodentrainings eine Alternative

– On the job: durch neue Aufgaben dazu lernen

- Mentoring/Kollegiale Beratung: Kollegen unterstützen sich gegenseitig und vermitteln KnowHow über die Organisation, Methoden und Inhalte
- Systematischer Arbeitsplatzwechsel (Job rotation) und Arbeitsplatzbereicherung (Job enrichment); Übertragen von Verantwortung für einen größeren Teil des Arbeitsprozesses
- Selbstgesteuertes Lernen durch online-Kurse und tools (z. B. der Stroebe Coach in a pocket zu Führungs- und Methodenfragen).

Durch Förderung und Forderung wird dem Mitarbeiter geholfen, seine mit dem Führenden als Vertreter der Organisation vereinbarten Ziele effizienter zu erreichen. Darüber sollte nicht vergessen werden, auch die Organisation sowie das Verhalten des Chefs unter die Lupe zu nehmen.

Zusammenhang zwischen Organisations- und Mitarbeiterentwicklung	
fort von ...	**hin zu ...**
• zentraler Kontrolle	• dezentraler Selbst- und Ergebniskontrolle
• mangelnder Einsicht des Mitarbeiters in seine Funktion	• Einbinden des Mitarbeiters in integrierte Ziele: Mit-Denker
• Arbeiten für Detail-Ziele ohne Bezug auf das Ganze	• Kommunikation mit den Mitarbeitern über Unternehmensvision und Strategie
• mangelnder Anpassung an die Anforderungen der Situation	• Entwickeln der Mitarbeiter zu ständiger Veränderungs- und Innovationsbereitschaft
• Aktivitäten, die ausschließlich auf Gegenwartseinflüssen beruhen	• Aktivitäten, die auf Einflüssen von Vergangenheit, Gegenwart und Zukunft beruhen

- Wo und wodurch sollten die Organisationsstrukturen und Prozesse an die Mitarbeiter und aktuelle Herausvorderungen angepasst werden?
- Wo kann sich die Führungskraft/das Führungsteam verbessern?

Hier einige **mögliche Maßnahmen:**

- »Maßschneidern« von Arbeitsplätzen für Mitarbeiter mit bestimmten Qualifikationen.
- Korrektur von Arbeitsrichtlinien, -prozessen, -strukturen mithilfe der Methoden Business Reengineering sowie Leanmanagement/Kaizen.
- Zusammenstellen besonders leistungsfördernder Projektgruppen aus Mitarbeitern, die sich gut verstehen.
- Managementtraining für die Führungskräfte.

Übrigens: Was sagen Sie als Mitarbeiter auf die Frage Ihres Chefs »Warum sollte ich gerade auf Sie bauen?«

Und was antworten Sie?

2.4.2 Anstoß geben zu Problemfindung und Innovation

Motto: *Wer fragt, der führt.*

Fragen werden immer wichtiger als »Fest-Stellungen«, weil Fragen zum Erkunden anregen – Führen durch Fragen, nicht durch Sagen.

Was ist ein Problem?

Grundsätzlich ist ein Problem die Abweichung eines »Ist« von einem »Soll«. Es ist eine vorbeugende Aufgabe von Führungskräften, solche Abweichungen zu suchen und zu erkennen, ihre Ursache zu analysieren und die Abweichung zu korrigieren. Oder auch zu veranlassen, dass dies alles durch die Mitarbeiter und mit ihnen gemeinsam geschieht.

Wann baute Noah seine Arche? **Vor** der Sintflut!

»Wer Aufwand und Nutzen allzu nüchtern kalkuliert, wird nichts Neues ausprobieren und seine Kundschaft niemals mit etwas Neuem begeistern können. In Unternehmen darf nicht erst dann nach neuen Ideen gesucht werden, wenn sich der alte Weg als Sackgasse entpuppt hat und dies bereits in der Bilanz zu spüren ist. Da ist es in den meisten Fällen schon zu spät ... Wo Querdenker als Querulanten gelten, werden keine Visionen für die Zukunft entwickelt. Da wird nur die Vergangenheit verwaltet.« (Varinia Bernau)

Der Diesel-Abgasskandal gilt als dramatisches Beispiel.

Wie soll erreicht werden, dass demnächst Millionen Elektrofahrzeuge in Deutschland fahren?

Zu unterscheiden sind drei Problemarten:

- aktuelle Probleme, z. B. hoher Ausschuss.
- potenzielle Probleme, z. B. Gefahr erhöhten Ausschusses aufgrund von Widerstand der Mitarbeiter gegen ein neues Prüfverfahren.
- innovatorische Probleme, z. B. bei der Zielsetzung, ein neues Produkt zu entwickeln.

Anstoß zur Problemfindung heißt:

- (Potenzielle) Probleme vorhersehen
- Probleme definieren
- Probleme analysieren
- Probleme lösen
- Einen Entschluss herbeiführen und Aktionen planen (lassen)

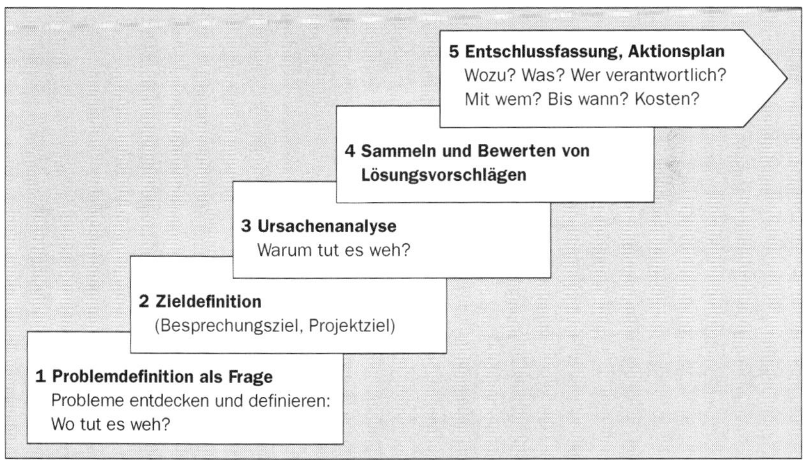

Abb. 13: Probleme (in Besprechungen) systematisch lösen

Zu Punkt 1: »**Probleme vorhersehen (Analyse potenzieller Probleme)**«

Je nach Problemart heißt das:

- zum Beispiel die Folgen hoher Fluktuation qualifizierter Mitarbeiter zu beschreiben;
- künftige Probleme voraussehen, wie den potenziellen Absturz der gesamten Führungsspitze eines Unternehmens, wenn diese mit ein und derselben Maschine fliegt;
- und schließlich Ziele zu entwickeln.

Zu Punkt 2: »**Probleme definieren**«, d. h. die Abweichung zwischen »Ist« und »Soll« exakt bestimmen:

- Bei einem gegenwärtigen Problem, z. B. zu hoher Fluktuation, wird die Abweichung der Fluktuation vom vereinbarten Standard ermittelt.
- Bei innovatorischen Problemen wird präzise festgestellt, »was ist und wie es sein soll«. Zum Beispiel: Zur Zeit ist die Organisation auf Funktionen ausgerichtet. Ziel ist, sie nach Projekten zu gliedern.

Zu Punkt 3 und 4: »**Probleme analysieren und Probleme lösen**«

Hier geht es darum, das Problem auf seine Ursachen hin zu untersuchen. Erst wenn die Ursache eines Problems festgestellt ist, können sinnvolle Maßnahmen ergriffen werden, um das Problem zu verhüten bzw. zu beseitigen:

In Problemlösungsbesprechungen sieht ein zielorientierter Prozess aus, wie in Abbildung 13 gezeigt. (Wie er gehandhabt wird, ist praktikabel dargestellt im Band »Besprechungen zielorientiert führen«).

Erst die Diagnose, dann die Therapie.

Hierzu ein Beispiel:

- Der Personalleiter eines Betriebes stellte fest: »Wie können wir die Fluktuation von Facharbeitern reduzieren?« Die erste Frage der Verantwortlichen lautete: »Welche Maßnahmen ergreifen wir?«

  Rasch kam die Antwort: »Wir müssen die Meister in Mitarbeiterführung schulen.« Die Meisterschulung blieb jedoch ohne Erfolg.

Was wurde falsch gemacht? Falsch war, dass man eine Therapie ohne exakte Diagnose einleitete. Die erste Frage hätte nicht lauten dürfen: »Welche Maßnahmen ergreifen wir?«

Zunächst wäre zu diagnostizieren gewesen: »Warum ist die Fluktuation höher, als sie sein sollte?«

Das Ergebnis der Diagnose lautete übrigens:

Einseitig aufgabenorientierter Führungsstil des Betriebsleiters.

Also Lokomotion ohne Kohäsion.

Zu Punkt 5 einer Besprechung: »**Entschlussfassung, Aktionsplan**«

Die Entscheidung wird getroffen – möglichst im Konsens, damit die Motivation zur Realisierung vorhanden ist.

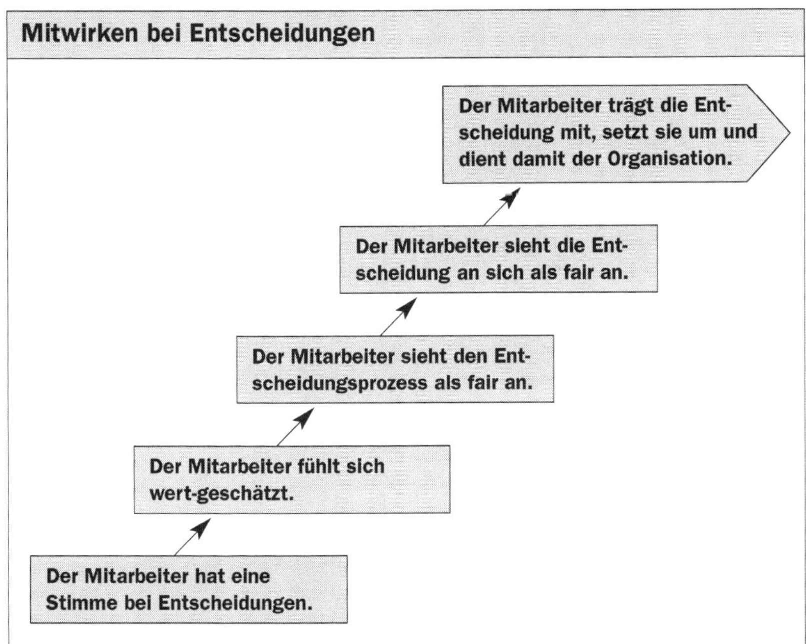

Abb. 14a

Es wird im Aktionsplan vereinbart:

Wer verantwortet wozu, was, mit wem, bis wann, zu welchen Kosten?

Entschlussfassung und Aktionsplan orientieren sich an der Problemdefinition (»Ist die Frage beantwortet? Ist das Problem nachhaltig gelöst?«) sowie an der Zielformulierung (»Wird so das vereinbarte Ziel erreicht?«).

2.4.3 Ziele vereinbaren

Motto: *Führen heißt Spannung erzeugen und die Energie auf ein Ziel fokussieren.*

Menschen stellen sich besser auf schnellen Wandel ein, wenn sie über Innovationsziele verfügen und Antworten auf die Frage haben »Was mache ich, wenn ... geschieht?«

Wozu eigentlich Ziele?

- Damit der Mensch/das Unternehmen weiß, wohin er/es will. Denn: »Wer nicht weiß, wohin er will, darf sich nicht wundern, wenn er ganz woanders ankommt.«
- Damit jeder die richtigen Maßnahmen ergreift, um das Ziel zu erreichen. Denn: »Wer das Ziel nicht kennt, findet auch Mittel und Wege nicht, um es zu erreichen.«
- Damit jeder das Erreichte mit dem ursprünglichen Ziel vergleichen kann. Ziele sind Maßstäbe, an denen Ergebnisse gemessen werden. Daher gilt: »Keine Kontrolle ohne Zielvereinbarung«, aber auch »keine Zielvereinbarung ohne reifegradspezifische Kontrolle, keine Zielabweichung ohne Folgerung.«

Abb. 14b: »Keine Zielabweichung ohne Folgerung«

Wie kommen Ziele zustande?

Führungskräfte vereinbaren die Ziele mit ihren Mitarbeitern.

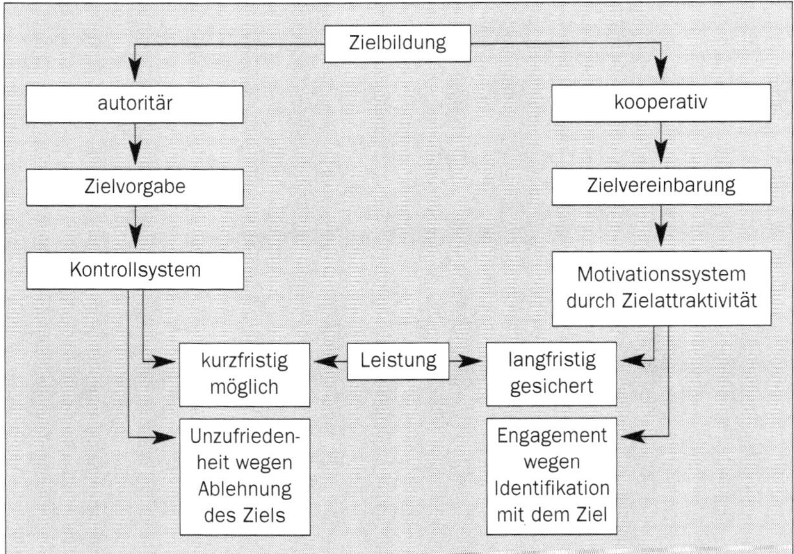

Abb. 15: Wie wirkt Zielvorgabe im Unterschied zur Zielvereinbarung?

Was heißt Zielvereinbarung? Gemeinsames Festlegen zu erreichender Ergebnisse für einen bestimmten Zeitraum.

Zielvorgabe entspricht der Durchsetzung von Macht, ist Vorschrift, Befehl. (Empfiehlt sich ausschließlich für Extremsituationen).

Aus Zielvorgaben können resultieren:
Passivität, Lähmen und Einengen spontaner und schöpferischer Handlungen, Spannungen und Konflikte, Ablehnen der Ziele und Widerstand, schlechte Ergebnisse.

Ein Beispiel verdeutlicht dies:

- Nehmen wir an, Sie denken über eine kritische Phase Ihres wichtigsten Projekts nach. Ihr Chef überrascht Sie mit einer getroffenen Entscheidung: »Ich wünsche, dass Sie folgendermaßen vorgehen.«

In welchem Fall werden Sie die kritische Projektphase besser überwinden?

Wenn Ihnen die Entscheidung auf diese Weise vorgegeben wird oder wenn Sie an der Entscheidungsbildung teilhaben und ein Plädoyer für Ihr eigenes Vorgehen halten können?

Selbst wenn Sie mit Ihrem Chef äußerst loyal zusammenarbeiten, wird Ihre Motivation zur Durchführung der vorgegebenen Entscheidung unbewusst geringer sein, als wenn Ihr Chef Sie an der Entscheidung beteiligt hätte.

Verdeutlichen wir diesen Zusammenhang an einer Faustformel:

Güte der Entscheidung x Motivation zu ihrer Durchsetzung = Ergebnis

Zehn Grundsätze des Führens mit Zielen (Management by Objectives/MbO bzw. Objectives and Keyresults/OKR)

1. Zieldefinition: Führen erfordert die Definition von Zielen.
2. Zielpartizipation: »Gegenstromverfahren« auf Basis wertfreier Informationen – kein »Herunterbrechen« von Zielen.
3. Zielidentifikation: Beteiligung bewirkt Zielbejahung.
4. Zielmotivation: mobilisiert Leistung, initiiert Handlungsenergie.
5. Selbstregelung/Selbstkontrolle durch vereinbarte, messbare Ziele.
6. Zielentwicklung durch Einbeziehen von Innovationszielen, persönlichen Entwicklungszielen sowie integrierten Zielen.
7. Zielkonsequenz: »Ich werde das Ziel erreichen!«
8. Zielbewertung: Das zielorientierte Kontrollsystem misst den Erfolg.
9. Zielanspruch: Höheres Anspruchsniveau als Folge gesteigerten Selbstwertgefühls.
10. Zielintegration: Sichert den gemeinsamen, teamübergreifenden Erfolg.

Das Resultat ist ein gutes Arbeitsergebnis und engagierte Mitarbeiter, die vor ihrer eigenen Leistung den Hut ziehen können. Es wird mit Energie gearbeitet statt mit »Vergiss die Rute nicht«-Mentalität.

Ziele sind so zu formulieren, dass

- die Zielerreichung gemessen werden kann,
- alle Beteiligten das Gleiche darunter verstehen.

Ein Beispiel: »Die personalpolitischen Grundsätze unseres Unternehmens sind bis zum 1. Mai nächsten Jahres so formuliert, dass jede Führungskraft daraus ihre Maßnahmen zur Mitarbeiterführung ableiten kann.«

Dieses Ziel ist inhaltlich, zeitlich und qualitativ festgelegt.

Quantitative Aussagen sind zu ergänzen, beispielsweise zum Aufwand, zur Frage: »Was darf es kosten?«

Messbar formulierte und vereinbarte Ziele ziehen die Leistung des Mitarbeiters an wie ein Magnetfeld. Daher:

»Ohne Ziele keine Führung!«

(Details zu »Führen mit Zielen« finden Sie im Band 88 und im Band 7 »Arbeitsmethodik«.)

2.4.4 Planen (lassen)

Motto: *Failing to plan is planning to fail.* (Alan Lakein)

»Planen« und »Entscheiden« sind die vierte und fünfte Führungsaufgabe.

Für beide gilt zuerst: Kann ich planen und entscheiden l a s s e n?

Planen (Ablaufplanung) ist entweder

- die Suche nach dem kürzesten Weg, auf dem man mit geringstmöglichem Aufwand zum vereinbarten Ziel kommt oder
- die Suche nach den Wegen, auf denen man bei vorgegebenem Aufwand das damit realisierbare Ziel erreicht.

Durch Planen werden Umwege und Sackgassen vermieden.

Der Planungsvorgang umfasst drei wichtige Schritte:

- Es werden Informationen gesammelt und ausgewertet. Beispielsweise wird eine Liste mit Standorten angelegt, die in die engere Wahl kommen.
- Es werden Wege und Prozesse vom Problem zum Ziel hin gefunden und in ihren einzelnen Abschnitten festgelegt. Zum Beispiel: Welche Baufirma, welcher Architekt soll beauftragt werden?
- In einem dritten und letzten Schritt werden unrealistische Möglichkeiten abgelehnt, die den Muss-Zielen nicht genügen.

Der Planungsvorgang – also das Sammeln von Informationen, die Suche nach Wegen zum Ziel, das Ablehnen unrealistischer Möglichkeiten – wird a b g e s c h l o s s e n, indem entschieden wird, welche Lösungsmöglichkeit realisiert werden soll.

2.4.5 Entscheiden (lassen)

Motto: *Jede Entscheidung schickt ihre Rechnung.* (Siegfried Lenz)

Warum tun sich Führungskräfte häufig schwer, zu entscheiden?

- Das wahre Problem wird häufig nicht – oder zu spät – erkannt.
- Es fehlt ein konkretes Ziel.
- Es fehlen Informationen.
- Entschieden wird aus gewohnheitsmäßigem Verhalten.
- Entschieden wird unter Zeitdruck.
- Es wird zu wenig methodisch gearbeitet.
- Es gibt zu wenig Kontrollinstrumente/Frühwarnsysteme

Ulrich Zwygart hat in »Wie entscheiden Sie?« zum Entscheiden Wesentliches formuliert:

Entscheiden bedeutet die Fähigkeit,

- für ein definiertes Problem
- in der verfügbaren Zeit,
- zielorientiert,

- mithilfe eines rationalen und intuitiven
- individuellen oder kollektiven Beurteilungsprozesses eine Lösung zu finden
- und für deren Umsetzung die Verantwortung zu übernehmen.

Eine Entscheidung ist dann rational, wenn

- der Entscheidungsprozess durchgehend zielgerichtet ist,
- die Überlegungen auf möglichst objektiven Informationen beruhen,
- der Entscheidungsprozess methodischen Regeln folgt.

Diese sind für Nicht-Beteiligte nachvollziehbar.

Um die **Entscheidungsfähigkeit eines Mitarbeiters** zu beurteilen, dienen die folgenden Fragen:

- Was waren die Beiträge zum Inhalt und zur Prozedur?
- Wurde der Entscheidungsprozess systematisch durchgeführt?
- Wie wurde die eigene Bewertung eingebracht?
(Wie war das Verhalten gegenüber anderen Personen?)
- Wurden Berater herangezogen?
- Wurden divergierende Ansichten begrüßt und – wenn möglich – integriert?
- Wie wurde bei Kontroversen agiert?
- Aus welchen Gründen wurde auch einmal nicht entschieden?

Eine verantwortliche Entscheidung erfüllt sechs Kriterien:

- Sie wird den Muss-Zielen gerecht.
- Sie kommt zusätzlichen Anforderungen, den Wunsch-Zielen, am nächsten.
- Die Entscheidung berücksichtigt potenzielle Probleme am besten.
- Sie führt zu einer Regel, welche die Verbindlichkeit festhält.
- Sie benötigt eine Institution z. B. ein Projektmanagement, welche sich dieser Regel verpflichtet hat.
- Sie benötigt Führungskräfte, die das Umsetzen der Entscheidung kontrollieren. (reifegradspezifisch!)

Motto: Methodisches Vorgehen erzwingt eine erfolgreiche Entscheidung!

Abb. 16: Varianten der Entscheidungsbildung (autoritär, konsultativ, gruppenorientiert)

Nach Vroom/Yetton gibt es für Führungskräfte folgende

Varianten der Entscheidungsbildung:

- Sie lösen das Problem selbst bzw. Sie entscheiden aufgrund der Ihnen bekannten Informationen.
- Sie beschaffen sich von Mitarbeitern notwendige Informationen und entscheiden dann selbst. Sie können (oder auch nicht) den Mitarbeitern das Problem bekannt geben, während Sie ihnen den Auftrag erteilen, Informationen zu beschaffen.

- Sie besprechen das Problem mit den betroffenen Mitarbeitern einzeln. Sie nehmen deren Ideen und Vorschläge auf, ohne die Mitarbeiter als Gruppe zu befragen. Dann entscheiden Sie. Ihre Entscheidung kann (oder auch nicht) den Einfluss der Mitarbeiter widerspiegeln.
- Sie besprechen das Problem mit Ihren Mitarbeitern in der Gruppe. Sie nehmen die Ideen und Vorschläge der Gruppe auf. Wenn es gut läuft: Chef und Mitarbeiter kommen zu einer gemeinsamen Entscheidung. Wenn nicht, entscheiden Sie. Sie berücksichtigen dabei die Formel: Das Resultat ist so gut wie die Güte der Entscheidung mal der Motivation zu ihrer Realisierung.
- Zusammen finden und bewerten Sie Alternativlösungen und erreichen Übereinstimmung für eine Lösung. Ihre Funktion ist diejenige des Moderators – falls Ihre Anwesenheit überhaupt erforderlich ist. Bei hohem Reifegrad agiert die Gruppe autonom. Sie versuchen nicht, der Gruppe Ihre Lösung zu verkaufen. Sie sind bereit, jede Lösung zu vertreten, die von der ganzen Gruppe unterstützt wird.

Welche Variante gewählt wird, hängt ab von den Antworten auf

14 Fragen zur Diagnose der Entscheidungssituation und zur Wahl des Entscheidungsstils (nach Vroom-Yetton-Jago):

- Ist die Entscheidung wirklich notwendig für die Organisation?
- Kostet eine Besprechung zuviel für die Art der Entscheidung?
- Ist das Problem strukturiert?
- Ist der Chef führungskompetent aufgrund Charakter und Werten? Ist er entscheidungsfähig?
- Reicht der Informationsstand des Chefs für eine qualitativ hochwertige Entscheidung aus? Wenn ja, sollte er nicht aus »Teamhuberei« eine unnötige Arbeitsgruppe installieren.
- Ist der Informationsstand der Mitarbeiter für eine qualitativ hochwertige Entscheidung ausreichend?
- Wie gut muss die Qualität der Entscheidung sein?
- Ist die Akzeptanz der Mitarbeiter für eine erfolgreiche Umsetzung der Entscheidung notwendig?
- Akzeptieren die Mitarbeiter die Unternehmensziele, die durch die Problemlösung erreicht werden sollen?

- Akzeptieren die Mitarbeiter eine Alleinentscheidung ihres Chefs/ eines kompetenten Mitarbeiters?
- Ist die Gruppe teamfähig? Führt die gewählte Lösung zu Konflikten unter den Mitarbeitern?
- Wie wichtig ist es, den Zeitaufwand für die Entscheidung zu minimieren? Ist die Zeit so begrenzt, dass Mitarbeiter nicht beteiligt werden können?
- Will der Chef die Entwicklungschancen der Mitarbeiter durch eigenverantwortliche Enscheidungen maximieren?
- Ist die Gruppe/die Führungskraft in Entscheidungsfindung trainiert?

Wie entscheide ich?	
Ich bin der Entscheidungstyp ...	**Ich verbessere meine Entscheidungen, indem ich ...**
Vorschneller Entscheider	• mehr Fakten sammle. • die Flucht nach vorne bremse.
Subjektiver Entscheider	• mehr Alternativen abwäge. • die Selbsteinigelung aufgebe.
Zögernder Entscheider	• ein kalkulierbares Risiko eingehe. • Barrieren überwinde.

2.4.6 Delegieren

Motto: *Delegation von Power führt zur Selbstständigkeit von Menschen.*

Delegieren heißt:

- Übertragen von Ziel/Kompetenz/Verantwortung.
  Ein Manager sagt: »Ihr könnt so viel davon haben, wie ihr tragen könnt und wollt.« So schafft er dezentrale Intelligenz.
- die Mitarbeiter zur Zielerreichung befähigen (= Coaching)

Was wird übertragen?

- Jedes **Ziel,** das Mitarbeiter selbstständig erreichen können sowie die mit ihm verbundene Kompetenz und Verantwortung.

Sie als Chef fragen sich bei jeder neuen Aufgabe: »Wozu dient sie?« und »Wer kann sie übernehmen?«

- Die zur Zielerreichung erforderliche **Kompetenz,** also die Befugnisse, die der Mitarbeiter benötigt, um das Ziel selbstständig erreichen zu können.
- Die dem Ziel und der Kompetenz entsprechende **Verantwortung** für das Ergebnis.

Wir unterscheiden:

nicht-delegierbare Aufgaben	**delegierbare Aufgaben**
• Mitarbeiter auswählen, beurteilen, fördern (lassen) • Anstöße geben zur Problemfindung und Innovation • Ziele vereinbaren • Planen, entscheiden (lassen) • Delegieren • Koordinieren und organisieren (lassen) • Kommunizieren und Konflikte managen • Motivation initiieren • Reifegradspezifisch kontrollieren	• Routine-Aufgaben • Spezial-Aufgaben • Detail-Aufgaben } Welche werde ich bis wann an wen delegieren?
Motto: *Ein Führer wird nicht danach beurteilt, was er tun kann, sondern nach dem, was er erreicht/bewirkt hat und (noch) kontrollieren kann.*	Motto: *Manche kaschieren ihre Unfähigkeit zu führen durch Anhäufen von Arbeit.*

richtig:

Ziel/Aufgaben	
Kompetenz	entsprechen sich
Verantwortung	

= Delegation

falsch:

Z/A
K
V

Der Mitarbeiter hat zwar die Aufgabe, nicht aber die dafür erforderliche Kompetenz und Verantwortung übertragen bekommen.

= Abschieben von Aufgaben

Vorsicht: Die Delegation von Nebensachen charakterisiert den bürokratischen Manager. Die Folge: zu viel gemanagt – zu wenig geführt. Der Papierkorb als Ablage ist häufig eine gute Alternative.

Führungsverantwortung: Der Manager hat seine nicht-delegierbaren Führungsaufgaben effizient wahrgenommen.

Handlungsverantwortung: Der Mitarbeiter hat wirkungsvoll gearbeitet und die vereinbarten Ziele erreicht.

Grob veranschaulicht verteilen sich die Aufgaben auf die verschiedenen Führungsebenen so (nach H. Ulrich):

Geschäftsführung	langfristige Planung, grundsätzliche Entscheidungen
Abteilungsleiter	Einzelentscheidungen
Gruppenleiter	Detailentscheidungen und Ausführung
Mitarbeiter	Ausführung

Bis auf welche Stufe eines Unternehmens kann delegiert werden?

Delegiert wird bis zur untersten Stufe eines Unternehmens (»Subsidiaritätsprinzip«). Mit dieser Forderung wird sich das Management in Zeiten von »lean management« remotemanagement und home office besonders auseinanderzusetzen haben.

Die Handlungsmaxime lautet:

»Jedes Mal, wenn einem Manager seine Arbeit routiniert von der Hand geht, sollte er sie schleunigst delegieren!«

Warum wird delegiert?

Hier die drei wichtigsten Antworten:

- Führungskräfte sind keine Spezialisten, sondern Universalisten. Sie halten sich frei von Routine-, Detail- und Spezialistenaufgaben, frei für Führungsaufgaben. Erst dadurch wird es möglich, die Mitarbeiter zu Erfolgen zu führen. Delegation ist somit kein autoritätsminderndes Abschieben von Aufgaben, sondern steigert – bei Wahrnehmung der Führungsaufgaben – die Autorität einer Führungskraft.

  Motto: *»Je mehr ich abgebe, desto größer wird mein Einfluss«.*

- Jeder Mitarbeiter braucht – genauso wie jeder Manager – seinen eigenen selbstverantwortlichen Zielbereich. Dann wird er sich engagieren.

- Je tiefer in der Hierarchie ein Ziel erreicht wird, desto kostengünstiger ist es für das Unternehmen und desto motivierender für die Mitarbeiter: »Ich werde gebraucht und trage Verantwortung.« So sagt bei Seeberger ein Lagerarbeiter zu seinem Chef wegen dessen Fehlinvestition:
  »Das ist auch mein Geld, das du hier zum Fenster rauswirfst.«

Abb. 17: Jeder Mitarbeiter braucht seinen eigenen selbstverantwortlichen Zielbereich. Dann wird er sich engagieren.

Welche der folgenden drei Alternativen trifft auf Sie und Ihre nachgeordneten Führungskräfte zu?

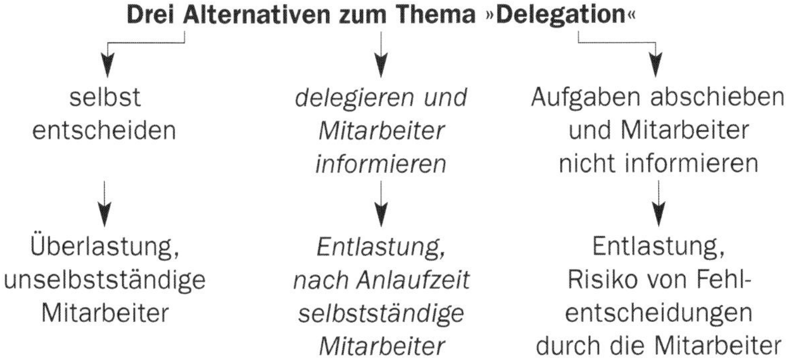

Wodurch wird Delegation verhindert?

Mangelndes Vertrauen führt zur

- Angst, loszulassen,
- Angst, die Kontrolle zu verlieren,

Dazu kommt

- Angst, nicht mehr gebraucht zu werden,
- Angst, angreifbar zu werden,
- die Einstellung: »Keiner macht es so perfekt wie ich!«

Warum delegiere ich erst in Situationen, die es erzwingen?

Welchen Preis bin ich bereit, dafür zu zahlen?

Welche Last werde ich mir von den Schultern nehmen?

Motto: *Jeder der Karriere machen will, muss lernen zu delegieren.*

Bin ich so intelligent, dass ich Menschen für die Organisation, für sich selbst und für mich arbeiten lasse, die intelligenter sind als ich?

(Die Möglichkeit, Ihre Delegationsfähigkeit zu testen sowie Hinweise zur Technik der Delegation finden Sie im Band »Arbeitsmethodik«.)

Delegieren erfordert Koordinieren und Organisieren.

Was bedeuten diese beiden Führungsaufgaben?

2.4.7 Koordinieren und organisieren (lassen)

Motto: *Wir tragen Verantwortung, unser Handeln abzustimmen und uns auf Gemeinsamkeiten zu konzentrieren. (*Barack Obama)

Die Delegationsbereiche werden abgestimmt durch Organisation und Koordination, d. h. durch zielgerichtetes Regeln von Sachprozessen und menschlichen Beziehungen.

Alle Delegationsbereiche werden durch **integrierte Ziele** untereinander verbunden und auf das gemeinsame Ziel ausgerichtet. Vorsicht vor Abteilungszäunen, Ressortegoismen und Kompetenzstreitigkeiten!

So wird der Manager nicht nur gemessen an dem Output seiner Einheit, sondern auch am Grad der Instandhaltung und Entwicklung (menschlich, technisch, organisatorisch) sowie seiner persönlichen Integration und der Integration seiner Einheit in das Unternehmen.

Ein exzellentes Beispiel für integratives Verhalten lebte Karl-Thomas Neumann (Opel, vor der Fusion mit PSA): »Es geht vielmehr darum, dass wir bei Opel den Aufbruch glaubwürdig verkörpern. Wir müssen mit dieser alten Verschwörungstheorie aufhören, die Amerikaner hätten uns in irgendetwas hineingeritten ... Wichtig ist auch, dass unser Betriebsrat gemerkt hat, dass wir nur gemeinsam zum Erfolg kommen können. Als ich kam, gab es an vielen Ecken Streit. Ich habe gesagt: Wenn wir das hier drehen wollen, müssen wir endlich anfangen, vernünftig miteinander zu arbeiten. Da wird jeder Zugeständnisse machen müssen. Aber jeder wird auch Teil des Erfolgs sein.« (SZ)

Selenski signalisiert der NATO: »Wir kämpfen für euch.«

Abb. 18: Kein Fall für Paartherapie: Sachprozesse und menschliche Beziehungen sind zielgerichtet.

Integrierte Ziele sind definiert durch:
(Kennzeichen für gute Integration)

- Übergeordnete Ziele sind anerkannt.
- Eigene Beiträge zum integrierten Ziel.
- Vereinbarte Ziele werden zuverlässig erreicht.
- Es wird positiv auf die organisatorische Umgebung eingewirkt, Engagement für integrierte Ziele.
- Nicht-Verfolgen von nicht vereinbarten Zielen – außer kreativen Innovationszielen.
- Beitrag zur Imageentwicklung des Unternehmens.
- Eigene Vorarbeiten kommen anderen zu Gute. Ich nutze Vorarbeiten anderer für das Unternehmen.
  Was tue ich, was allen im Unternehmen nützt?

Hier verschiedene positive Beispiele zur Integration:

- Es betont der Bosch-Geschäftsführer: »Wer mit Herzblut sein eigenes Thema mit eigenen Ideen voranbringt und dabei die eigene Person weniger herausstellt, verdient aus meiner Sicht besondere Förderung.«
- In der Chemie-Industrie spricht man vom »Einklang von Bossen und Genossen« wegen der gekonnten Kommunikation zwischen Management und Gewerkschaft.
- Werden neue Mitarbeiter gekonnt integriert, wächst der Umsatz 2,5 Mal schneller. (Boston Consulting Group)
- »Die Bundesnetzagentur hat die vier Betreiber der großen deutschen Stromübertragungsnetze zu einer Kooperation bei der Steuerung ihrer Trassen verpflichtet. Mit diesem Verbund lassen sich die Kosten für die Ausregelung der Netze jährlich um 200 Millionen Euro reduzieren.«
- »Geschickt ist der Schachzug des RWE-Konzerns, beim Ausbau der Stromerzeugung aus erneuerbaren Energien mit den Stadtwerken gemeinsame Sache zu machen. Nach dem Motto ›gemeinsam sind wir stark‹ bietet sich Stadtwerken die Chance einer Beteiligung an interessanten Energie-Projekten.«

Die organisatorische Kompetenz einer Führungskraft zeigt sich in

- der sozialen Macht (s. Kapitel 6) und der Fähigkeit, sich auf selbstständig Ziele ausrichten zu können
- der persönlichen Unabhängigkeit bzw. den Abhängigkeiten von anderen Personen
- der Verfügung über Ressourcen
- der persönlichen stil-prägenden Unverwechselbarkeit.

2.4.8 Kommunizieren und Konflikte managen

Motto: *Wertschöpfung durch Wertschätzung.*

Gehen Sie vor einer Auseinandersetzung durch drei Tore (Arabische Weisheit):

- Das erste Tor fragt: »Ist es wahr, was du sagst?«
- Das zweite Tor fragt: »Ist es notwendig?«
- Das dritte Tor fragt : »Ist es freundlich?«

Wie bewerten Sie unter diesen Aspekten, dass zwei Drittel aller Unternehmen Bewerbern ohne Begründung absagen?

Kommunizieren heißt, in Verbindung sein, ist definiert als Austausch – nicht als einseitige Information. Ziel ist, dass Führungskräfte und Mitarbeiter sich das Wissen besorgen, das notwendig ist, um die vereinbarten Ziele zu erreichen.

Um Ziele optimal erreichen zu können, benötigt jeder Mitarbeiter **Informationen über**

- den eigenen Zielbereich
- sein Arbeitsergebnis
- andere Einheiten und die Zusammenarbeit mit ihnen
- das Unternehmen
- die Stellung des Unternehmens in der Umwelt.

Verfügen alle Ihre Mitarbeiter über diese fünf Informationsarten?

Bitte markieren Sie: + Mitarbeiter verfügt über die Information
– Mitarbeiter verfügt nicht über die Information

	Informationsart				
	1	2	3	4	5
Mitarbeiter A					
B					
C					
D					
E					

Kostet umfassende Kommunikation nicht zu viel Zeit?

Kommunikation erfordert zunächst mehr Zeit. Nach der Anlaufphase sinkt jedoch der Aufwand. Die Mitarbeiter haben ein umfassenderes Verständnis für die gegenseitigen Belange gewonnen. Sie denken ohne Scheuklappen.

Das bringt Vorteile wie:

- Vermeiden von Doppelarbeit.
- Rationalisierung der Informationswege durch erleichterte vertikale und Querinformation.
- Einberufen von Besprechungen nur noch bei Fragen, die wirklich durch eine Gruppe beantwortet werden müssen. (Siehe Band »Besprechungen zielorientiert führen«).
- Verringern von Fehlentscheidungen, weil nicht mehr nur der eigene Bereich gesehen wird. Es werden auch die Auswirkungen einer Maßnahme auf andere Bereiche einkalkuliert.

Trotz dieser Vorteile findet sich häufig Widerstand gegen umfassende Kommunikation. Es wird vor allem befürchtet, dass die Geheimhaltung gefährdet wird.

Die ironische Bemerkung in einem Management-Bestseller sollte uns stutzig werden lassen: »Die Deutschen hüten ihre Geheimnisse wie die Spanier ihre Töchter.«

Ein Teilnehmer an einem Managementseminar kommentierte: »und beides nutzt nur selten.«

Was ist die Folgerung daraus?

Werden Informationen geheim gehalten, wird das Bestreben dahin gehen, sich Informationen zu verschaffen.

Leidiges Produkt einer solchen Situation sind Gerüchte. Im »Grundgesetz des Gerüchts« sind die wesentichen Merkmale zusammengefasst (nach Allport/Postmann/Chorus):

$$g = \frac{B \times Z}{KE}$$

g = Ausmaß des Gerüchts
B = Bedeutung für die Person
Z = Zweideutigkeit
KE = kritische Einstellung

Wichtig ist es,

- vorbeugend und auch bei umlaufenden Gerüchten über die eigenen Planungen/Maßnahmen/Leistungen zu informieren und
- persönliche Kontakte zu pflegen und dabei insbesondere die (negativen) Meinungsträger zu betreuen.

Hat man wirklich eine geheime Information ergattert, wird man sie – natürlich unter dem Siegel strengster Vertraulichkeit – weitergeben. Man erhofft sich einen Prestigegewinn, denn immer noch wird individuelles Wissen als Macht angesehen. Heute jedoch gilt:

Wissen teilen ist Macht – nicht Wissen haben.

Kommunizieren Sie zu 100 Prozent?

Wo macht Ihre Sicht des Problems Sie zum Problem?

Vertrauen Sie Ihren Mitarbeitern und weihen Sie sie rechtzeitig ein. So können zusätzliche Informationen gewonnen werden. Außerdem wird eine psychologische Barriere entstehen, die vor Geheimnisverrat schützt. (»Mein Chef hat mir ja vertraut.«)

Wer in meiner Umgebung folgt der »Logik der permanenten Eskalation?«

Dann helfen Ihnen die

acht Einzahlungen auf das Beziehungskonto

(Beziehungskonto – Das Gefühl der Sicherheit, das ich bei einem anderen Menschen habe bzw. bei diesem erzeuge):

- den anderen verstehen
- Werte und Ziele klären
- persönliche Integrität zeigen
- Verpflichtungen einhalten
- auf Kleinigkeiten achten
- sich bei Abhebungen vom Konto entschuldigen
- die andere Person anerkennen
- sich der anderen Person zuwenden

Was ist der Stand meines Beziehungskontos? Bei wem?
Wie werde ich einzahlen?

Gute Beziehungen sind wie Geld auf dem Sparbuch: Wenn ich nichts einzahle, kann ich nichts abheben! Bei großem positivem Konto ist Kommunikation leicht.

Vorsicht: Mitunter gibt es automatische Abbuchungen (z. B. wegen häufiger Abwesenheit). Für solche Momente der Unaufmerksamkeit muss ich (später) bezahlen. Um dies zu vermeiden, nutzen Sie

neun Regeln konstruktiver Kommunikation:

- wertfrei (»wutfrei«) informieren: »Sag' einfach das, was ist« – ohne persönliche Bewertung
- Führen durch Fragen
- Zuhören, Zeit nehmen, Interesse zeigen: »Klug ist, wer konzentriert zuhört.«
- Ich-Botschaften senden
- beredt schweigen
- sich entschuldigen und verzeihen
- Zusammenfassen (lassen)

- »Humor ist das Loch, durch das die Wahrheit pfeift.«
- Wer mich beleidigt, bestimme ich.

»Mexiko glaubt nicht an Mauern, Mexiko glaubt an Brücken.« (Enrique Peña Nieto, mexikanischer Präsident)

2.4.9 Motivation initiieren

Motto: *Ein guter Manager ist gut aufgelegt!*

»Wie viel Humor, Fröhlichkeit, Heiterkeit, Lachen habe ich heute schon um mich verbreitet?«

»Habe ich heute schon den Raum mit Sonne geflutet?«

Zunächst: Ist das Führungsproblem überhaupt eine Frage der Motivation? Oder geht es um Nicht-Wissen, Nicht-Können, Nicht-Dürfen?

Motivation initiieren heißt nicht ausüben von Druck oder Dauerstress. Motivation heißt nicht manipulieren – andere zum eigenen Vorteil beeinflussen, ohne dass es diesen bewusst wird. Wir manipulieren, wenn wir den Handlungs-(Freiheits-)Spielraum unserer Mitarbeiter heimlich auf eine vorbestimmte Möglichkeit reduzieren.

Die Mitarbeiter tun in diesem Fall nur, was wir wollen. Sie sind verführt – nicht geführt. Aber: »You can fool all the people for some time, you may fool some people all the time, but you can't fool all the people all the time!«

Motivation initiieren im Unterschied zu Manipulation heißt, das freiwillige Engagement der Mitarbeiter für gemeinsame Ziele zu gewinnen, Spannung zu erzeugen und Energie zum Fließen zu bringen.

Motivation ist also ein Prozess, in dem Menschen ihre von individuell geprägten Bedürfnissen und Werten produzierte Energie auf ein Ziel lenken.

Motivation ist somit die Summe von Beweggründen, die einen Menschen veranlassen zu handeln, bereit zu sein, sich zu engagieren.

Zusätzlich erforderlich ist allerdings Volition (nach Waldemar Pelz): Volition bedeutet Willenskraft, die Power, die Absicht auch umzusetzen. Sie kennzeichnet die Erfolgreichen und erklärt, »wie man Motive auch tatsächlich realisiert.« Wenn Motivation der Motor ist, ist Volition der Treibstoff. »Gewinnen wird der, der das, was er kann (und will), bestmöglich abruft und umsetzt.« Dazu verfügt er über

fünf lernbare Kompetenzen der Volition:

- Aufmerksamkeit fokussieren und Aktivierungspotenziale abrufen
- (Eigene) Gefühle geschickt beeinflussen
- Praktische Intelligenz und Cleverness
- Selbstbewusstsein: Sich anderen gegenüber durchsetzen können. Sich eine legitime Machtbasis aufbauen. Vorsicht: Gemeint ist damit nicht ein Selbstbewusstsein des eingeengten Horizontes.
- Den tieferen Sinn der Arbeit erkennen.

Daraus resultiert ein Mind Set, der nicht nur bei Sportlern 15 bis 20 % der Leistung ausmacht. Er wird auch als mentale Fitness bezeichnet.

Mitarbeiter sind wie Sportler nur motiviert, wenn die Zielerreichung nicht nur den Interessen der Organisation, sondern auch ihren eigenen Interessen dient, wenn sie am Ziel sagen: »Dies habe ich erreichen wollen und ich habe es aus eigenem Antrieb getan.«

Sie als Führungskraft haben gewonnen, wenn Ihre Mitarbeiter die **sieben Schlüssel zum Motivations-/Energiepotenzial** nutzen (nach Syber-Vision), nämlich

- Werte: »Ich weiß, was mir und meiner Organisation wertvoll ist!«
- Das Sehen einer Vision: Ich sehe bildhaft, was mich fasziniert und wie es werden soll!«
- Messbare Ziele: Ich weiß, was ich erreichen will!«
- Modell/Vorbild: »Ich bin Modell für Werte, Visionen, Zielerreichung. Wenn es die können, kann ich es auch!«
- Planung: »Ich weiß, wie ich vorgehen werde, um mein Ziel zu erreichen!«
- Lernen: »Ich erwerbe das Wissen und die Fähigkeiten, um das Ziel zu erreichen! Ich weiß, dass ich es kann!«
- Beharrlichkeit: »Egal wie lange es dauert oder wie schwer es ist, ich werde das Ziel erreichen!«

(Details zum Thema »Motivation« entnehmen Sie bitte Band 4 dieser Reihe, »Motivation und Management des Wandels«.)

2.4.10 Reifegradspezifisch kontrollieren

Die zehnte und letzte Führungsaufgabe ist »Kontrollieren«. Denn:

»Die beste Kontrolle ist die über den Erfolg!«

Andererseits: Wenn alles auf Kontrolle eingerichtet ist, bleibt kein Platz für Abenteuer.

Drei Beispiele:

- Der internationale Reiterverband sanktionierte Scheich Mohammed (Dubai) wegen eines gedopten Pferdes: »Von einem Regierenden erwartet man, dass er nicht nur delegiert, sondern dass er auch kontrolliert.«
- Oder Nick Leeson (ehemals Barings Bank): »Wenn ein Händler Milliarden oder Millionen verspielt, dann fehlt die Kontrolle. Ein Chef, der seine Angestellten nicht im Griff hat, sollte verantwortlich gemacht werden …«
- Wenn Politiker in Kontrollgremien wie Aufsichtsräten (z. B. Berliner Flughafen) objektiv überfordert sind, dann muss das Auswahlsystem geändert werden. Wenn sie subjektiv versagt haben, müssen sie persönlich haften.

Grundsätze zur Zielvereinbarung und Kontrolle:

- keine Zielvereinbarung ohne Kontrolle
- keine Kontrolle ohne Zielvereinbarung
- keine Zielerreichung ohne Anerkennung
- keine Zielabweichung ohne Folgerung

Jedes Ziel verlangt, dass geprüft wird, ob es auch erreicht wurde.

Hilfreiche Kontrolle des Mitarbeiters basiert auf einem vereinbarten Ziel. Um die Selbstverantwortlichkeit des Mitarbeiters zu fördern, ist Fremd- und Ablaufkontrolle durch die Führungskraft auf ein Minimum zu beschränken – abhängig vom Reifegrad (Entwicklungsstand) des Mitarbeiters.

Wie gut haben Sie die Fähigkeit Ihrer Mitarbeiter, sich selbst zu kontrollieren, ausgeschöpft und entwickelt?

Wie kontrolliere ich?

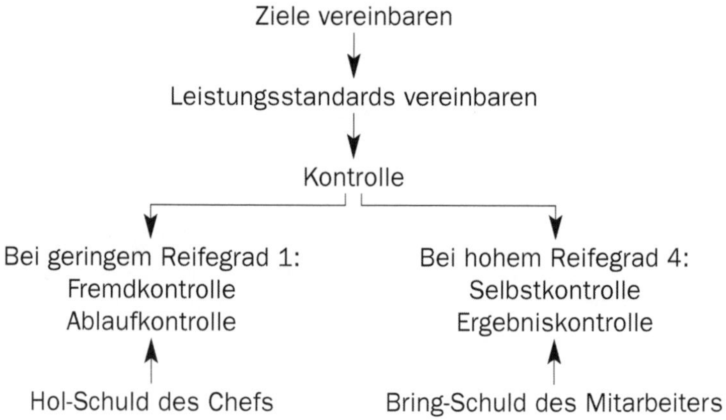

Ziele vereinbaren

↓

Leistungsstandards vereinbaren

↓

Kontrolle

Bei geringem Reifegrad 1: Fremdkontrolle Ablaufkontrolle	Bei hohem Reifegrad 4: Selbstkontrolle Ergebniskontrolle
↑	↑
Hol-Schuld des Chefs	Bring-Schuld des Mitarbeiters

Wird das vereinbarte Ziel nicht erreicht, werden die Abweichungen gemeinsam analysiert; Maßnahmen erfolgen nach dem Motto:

»Keine Zielabweichung ohne Folgerung.«

Folgerung bedeutet: Hilfe geben, Anforderung ändern – erst dann negative Sanktion bis zur Entlassung.

Der Kreis der zehn Führungsaufgaben hat sich geschlossen.

Und noch etwas: Wenn wir von Führungsaufgaben sprechen, heißt das nicht unbedingt, dass die Führungskraft alle diese Aufgaben selbst wahrnimmt. Sie ist vorrangig dafür verantwortlich, dass die Ziele erreicht werden.

So kann sie beispielsweise Probleme zur Lösung an ihre Mitarbeiter delegieren oder mit ihnen gemeinsam lösen. Sie kann Zielvorschläge von den Mitarbeitern erbitten, die Mitarbeiter planen und entscheiden lassen. Sind Mitarbeiter selbst Führungskräfte, so nehmen diese selbst wieder für ihren Bereich die zehn Führungsaufgaben eigenverantwortlich wahr.

Sie haben sicher festgestellt, dass Kohäsion und Lokomotion bei der einen Führungsaufgabe mehr, bei der anderen weniger zu finden sind.

Kohäsion ist dabei die entscheidende Voraussetzung für Lokomotion. Ohne eine gute Gruppe gibt es keine Zielerreichung.

Kohäsionsphasen und Lokomotionsphasen können sich über längere Zeiträume abwechseln. Sie können auch gleichzeitig miteinander auftreten. Insgesamt aber muss das Verhältnis zwischen ausgewogen sein. Ist es das nicht, dann läuft Ihnen entweder – mangels Kohäsion – Ihre Gruppe auseinander, und Sie erreichen deshalb Ihr Ziel nicht. Oder Sie erreichen das Ziel mangels Lokomotion nicht.

Zusammenfassung zu Kapitel 2

- Führungskräfte sind keine Spezialisten.
  Führungskräfte sind Universalisten.
- Optimales Führen verlangt eine Y-theoretische Einstellung den Mitarbeitern gegenüber.

  Die Y-Theorie sagt:
  - Der Mensch ist fähig und bereit, kreativ zu werden, wenn man ihn nur lässt.
  - Geistiger und körperlicher Einsatz sind für ihn natürlich.
  - Der Mensch spornt sich selbst an.
  - Er ist bereit, Verantwortung zu tragen.
  - Er ist zur Selbstkontrolle willig und fähig.
- Auf der Basis einer Y-theoretischen Einstellung wird das Ziel der Integration von Mitarbeitern und Unternehmen am wirkungsvollsten erreicht.
- Die Y-theoretische Einstellung kann auf drei Wegen erreicht werden:
  - Es kann die Einstellung unmittelbar geändert werden.
  - Ein Mehr an Y-theoretischen Verhaltensweisen wirkt auf die Einstellung zurück.
  - Durch Ändern von Situation und organisatorischen Rahmenbedingungen lässt sich eine Y-theoretische Einstellung fördern.
- Die Dauer und Nachhaltigkeit von Einstellungsänderungen schützt vor Manipulation und festigt widerspruchsfreies Verhalten.
- Optimales Führen verlangt ferner, dass Lokomotion und Kohäsion auf den zwei umfassenden Verhaltensmustern action flexibility und social sensibility beruhen.
- Action flexibility ist die Fähigkeit, sich auf wechselnde Situationen flexibel einzustellen oder die Situation zu verändern, um die Ziele zu erreichen.

- Social sensibility ist das Gespür für das Verhalten von Individuen und Gruppen.
- Es gibt zehn wichtige Führungsaufgaben:
  - Mitarbeiter auswählen, beurteilen, fördern (lassen)
  - Anstoß geben zur Problemfindung und für Innovation
  - Ziele vereinbaren
  - Planen (lassen)
  - Entscheiden (lassen)
  - Delegieren
  - Koordinieren und organisieren (lassen)
  - Kommunizieren und Konflikte managen
  - Motivation initiieren
  - Reifegradspezifisch kontrollieren

Bennis und Nanus: »Wir definieren Führung als die Fähigkeit, ... eine Vision eines wünschenswerten zukünftigen Zustands zu verwirklichen – mit und durch die freiwillige Kooperation anderer Menschen.«

Motto: *Kapital kann ich beschaffen,*
eine Fabrik kann ich bauen –
Menschen werde ich gewinnen!

3 Der Mitarbeitende

3.1 Veränderung des Arbeitsmarktes

Fachkräftemangel, hohe Kosten und erhöhte Wechselbereitschaft – das sind nur einige Faktoren, die den aktuellen Arbeitsmarkt charakterisieren.

Nicht nur Personaler wünschen sich Bewerber mit mehr Profil. In einer Befragung von 112 HR-Chefs wird festgestellt:

Es mangelt an Sozialkompetenz (48 %) und es liegen Defizite beim analytischen Denken und Leistungsmotivation vor (21 %).

Vor diesem Hintergrund ist es existientiell wichtig, alles dafür zu tun

- die richtigen Mitarbeitenden zu bekommen (sozial, fachlich, methodisch kompetent)
- sie gut an Board zu holen und zu integrieren
- sie dem Unternehmen als Leistungsträger zu erhalten.

Sind attraktive und klare Profile veröffentlicht?

Haben Sie die Rekrutierungsprozesse agil und bewerberorientiert aufgestellt?

Gibt es einen guten onboarding-Prozess mit ...

- kohäsionsfördernden Maßnahmen
- zielorientierter Einarbeitung
- regelmäßiger Rückmeldung und Begleitung durch Führungskraft und Kollegen?

3.2 Wie verhalten sich unternehmerisch denkende Mitarbeitende?

Motto: *Freiheit bedeutet Verantwortung* (Shaw) und: *Keine Mitbestimmung ohne Mitverantwortung* (Oswald von Nell-Breuning)

Wir haben aus der Analyse von fünf Beurteilungsbögen deutscher und internationaler Unternehmen die allgemein üblichen Beurteilungskriterien zusammengestellt.

Diese lassen sich – wie auch bei Führungskräften – in mehr zielgerichtete, also mehr lokomotive, und mehr auf die Gruppe bezogene, also mehr kohäsive Kriterien unterteilen.

Typisch lokomotive Beurteilungskriterien für unternehmerisch denkende und handelnde Mitarbeiter sind:

- Mit-Unternehmer denken und handeln ökonomisch, kostenbewusst und wirtschaftlich: So sagt die Mitarbeiterin einer Kantine zu ihrem Chef: »Wissen Sie, dass ich mit dem neuen Getränk, das ich eingeführt habe, schon 1 000 Euro Umsatz in einer Woche gemacht habe?«
- Mitarbeiter arbeiten konsequent ziel- und prozessorientiert (und eliminieren unnötige Prozesse).
- Mit-Denker denken mit, stehen konstruktiv-kritisch ihren Aufgaben und sich selbst gegenüber: sie sind einfallsreich, initiativ, aufgeschlossen für Neues, nutzen Chancen; sie verfolgen nicht mit zeitraubender und ängstlicher Überkorrektheit schematische Ordnungsprinzipien.
- Mit-Denker handeln selbstständig in ihrem Zielbereich: Sie bitten nicht um Entscheidungen, sondern tun dies nur in Ausnahmefällen.
- Mit-Unternehmer verfolgen beharrlich ihre vereinbarten Ziele, erreichen sie und behaupten sich gewandt in wechselnden Situationen.
- Auch wenn es hart auf hart kommt, sind sie belastbar und ausdauernd: Sie bleiben bei Arbeitsspitzen stress-stabil, fallen nicht schnell in ihrer Leistung ab.
- Sie sind bereit, sich für ihr Unternehmen flexibel und mobil zu engagieren.

Abb. 19: »Mitarbeiter sind einfallsreich, initiativ, aufgeschlossen für Neues«

Alle diese Verhaltensweisen nützen wenig, wenn Mitarbeiter nicht die zur Zielerreichung notwendigen Fachkenntnisse besitzen. Mitarbeiter sind Spezialisten. Ihr Wissen geht in die Tiefe. Dies allerdings birgt auch Gefahren. Fachwissen allein kann schaden. Zum Beispiel dann, wenn langjährige Mitarbeiter kündigen, weil sie mit neu eingestellten Mitarbeitern nicht zurechtkommen, wenn deren Ellbogenmentalität dem Gruppenklima schadet. Der Gruppe zuliebe wird möglicherweise ab und zu auf die bessere Fachkraft verzichtet: »Hired by ability – fired by – personality.« Neueinstellungen sind also nach fachlichen und charakterlichen Aspekten vorzunehmen.

Das Ergebnis in einem Betrieb: Die Fluktuation sank in zwei Jahren von durchschnittlich 26 % auf 14 %. Die Arbeitsleistung stieg um 8 %, und die Qualitätsmängel gingen um 20 % zurück.

Eine andere Untersuchung über die Entlassungsgründe bei ca. 4 000 Angestellten in 76 amerikanischen Unternehmen zeigte als Entlassungsgrund nur zu 10 % mangelnde Fachkenntnisse, aber zu 90 % mangelnde Zusammenarbeit.

Was also ist außer Lokomotion, fundierten Methoden und Fachkenntnissen von Mitarbeitern zu fordern?

Auch für Mitarbeiter gilt die Forderung nach »social sensibility«, nach dem Gespür für das Verhalten von Individuen und Gruppen, um gut mit anderen zusammenarbeiten zu können.

Mitarbeiter tragen – wie Führungskräfte – zur Kohäsion bei. Sie sind: kooperativ, offen, tolerant, integrierend und hilfsbereit. Sie führen sich am frühen Morgen nicht mit den Worten ein:

»Vorsicht – ich bin heute auf Krawall gebürstet!«

Ebenso gilt für Mitarbeiter die Forderung nach »action flexibility«, nach der Fähigkeit, sich auf wechselnde Situationen flexibel einzustellen oder die Situation zu verändern, um ihre Ziele zu erreichen.

Führungskräfte fragen sich daher:

Sind meine Mitarbeiter lokomotiv und kohäsiv?
Besitzen meine Mitarbeiter »action flexibility« und »social sensibllity«?
Wer verfügt darüber?
Bei wem mangelt es?

Kennt jeder Mit-Unternehmer die Vollkosten seines Arbeitstages?

Erwirtschaftet er diese Kosten? Bringt er einen messbaren Mehrwert?

Ist die Wertschöpfung hoch genug, um die Innovation zu finanzieren, die diesen Arbeitsplatz im Jahre 2030 sichert?

Sind meine Mitarbeiter wirklich Spezialisten?
Wem fehlt welche Kenntnis?

Wer von meinen Mitarbeitern verfügt über Führungspotenzial?

3.3 Welches sind die wichtigsten Aufgaben von Mitarbeitenden?

Gibt es so etwas wie ein Idealbild des zeitgemäßen Mitarbeitenden?

Der ehemalige Google-CEO und Alphabet-Chairman Eric Schmidt beschreibt den idealen »Mitarbeiter 4.0« so:

- Kommt gut zurecht mit flexiblen und agilen Firmenstrukturen.
- geht unerschrocken Risiken ein.
- vertritt auch bei Gegenwind seine Meinung.
- verfügt über außergewöhnliches Fachwissen.
- ist zugleich kreativ, geschäftstüchtig und leistungswillig.

Es ist also ein Mitarbeiter, der weitgehend »autonom« die vereinbarten Ziele erreicht.

Welche einzelnen Aufgaben nimmt ein solcher »Mit-Unternehmer« wahr?

1. Auseinandersetzung mit Problemen
2. Zielvereinbarung
3. Planung
4. Entscheidung
5. Realisierung der Entscheidung
6. Rückmeldung geben an die eigene Führungskraft
7. Eigene Weiterbildung/Entwicklung
8. Information/Kommunikation/Kooperation
9. Selbstkontrolle

Auch Führungskräfte nehmen diese Aufgaben wahr. Der Unterschied zwischen Führungskraft und Mitarbeiter liegt in der Gewichtung und Intensität der einzelnen Aufgaben.

Was tun Führungskräfte zusätzlich?

- Mitarbeiterauswahl, -beurteilung und -förderung
- Delegation, Koordination und Organisation
- Initiierung von Mitarbeitermotivation
- Konfliktmanagement
- reifegradspezifische Kontrolle

Wir skizzieren kurz die neun Aufgaben des Mitarbeitenden:

Zu 1: Auseinandersetzen mit Problemen, d. h.:

- Probleme vorhersehen, Innovationen und Szenarien zur Lösung ableiten
- Probleme definieren
- Probleme analysieren
- Probleme lösen

Ein grundsätzlicher Unterschied dazu, wie sich die Führungskraft mit Problemen auseinandersetzt, besteht nicht.

Zu 2: Ziele vereinbaren heißt,

dass der Mitarbeiter seine Ziele mit der Führungskraft vereinbart. In diesem Rahmen nimmt er seine Aufgaben weitgehend selbstständig wahr. Bei hohem Reifegrad schlägt der Mitarbeiter die Ziele vor und macht sie eigenverantwortlich messbar.

Er fragt sich: »Bin ich immer dort, wo der Ball sein wird?«

Und macht sich immer wieder klar: Mein Erfolg ergibt sich aus

- dem Erreichen der mit mir vereinbarten Ziele.
- meinen Fähigkeiten.
- der Qualität des Systems, in dem und mit dem ich arbeite und das ich daher ständig helfe zu verbessern.
- meiner Identifikation mit Ziel und System.

Zu 3: Planen

Der Planungsvorgang umfasst drei wichtige Schritte:

- Suche nach Wegen zum Ziel hin
- hierzu Sammeln von Informationen
- Auswählen und Ablehnen unrealistischer Möglichkeiten

Erst wenn die Entscheidung für eine der Lösungsmöglichkeiten gefällt ist,

- werden die notwendigen Aktionen grob bestimmt,
- wird der Prozess im Einzelnen geplant und schließlich
- wird vereinbart, wie die Ergebnisse kontrolliert werden.

Zu 4: Entscheiden

Entscheiden heißt, aus den verschiedenen realistischen Möglichkeiten die beste auszuwählen.

Bei extrem autoritärer Führung ist Entscheiden allein Sache der Führungskraft. Sie entscheidet alles. Bestenfalls bekommt der Mitarbeiter die Möglichkeit, mit der Führungskraft die Gründe der Anordnung zu besprechen.

Heute jedoch trifft im Idealfall die Führungskraft über Ziele und Wege keine Vorentscheidung. Der einzelne Mitarbeiter und die Gruppe entscheiden. Ein immer größerer Anteil der Zielerreichung wird so an die Mitarbeiter delegiert – bis hin zum Outsourcing. Die Voraussetzung: Es wird intensiv informiert und die Mitarbeiter fühlen sich verantwortlich.

In diesem Fall sprechen wir vom »autonomen » Mitarbeiter und von der »autonomen« Gruppe.

Die (teil-)autonome Gruppe führt sich weitgehend selbst.

Hier fühlen sich beispielsweise in einer Besprechung alle Gruppenmitglieder gleichermaßen verantwortlich für einen richtigen Ablauf, für die Beiträge zum Inhalt und für gute Beziehungen.

Selbstregelung und eine schlüssige Entscheidungsfindung der Teilnehmer funktioniert allerdings nur, wenn

- alle informiert sind,
- die Auffassungen nicht zu weit differieren,
- keine Antipathie zwischen den Beteiligten besteht,
- alle von den anderen akzeptiert sind,
- die Beteiligten nicht nur für Einzelleistungen belohnt werden.

Jedoch gilt bei sehr weitreichenden Entscheidungen wie dem Brexit: »Die Entscheidung war zu groß, zu vielschichtig, zu folgenreich, um sie den Bürgern zum Ankreuzen vorzulegen«. (Charlotte Thiele)

Zu 5: Die Realisation von Entscheidungen

Der Mitarbeiter führt seine Aufgaben so aus, dass er seine Ziele erreicht. Dabei beobachtet er ständig, ob er von seiner Zielvereinbarung (der vereinbarten Qualität, Quantität, dem vereinbarten Budget und Termin) abweicht. Es ist die Aufgabe des Mitarbeiters, Abweichungen so früh zu erkennen, dass er sie korrigieren kann.

Wer von Ihren Mitarbeitern legt selbstständig die kleinen Fehlerquellen trocken, die zu »Rückrufaktionen« führen?

Zu 6: Der eigenen Führungskraft Rückmeldung geben

Bei einer Fortschrittsbesprechung zwischen Führungskraft und Mitarbeiter wird mit Sicherheit auch die Frage des Mitarbeiters auftauchen:

»Hat mich die Führungskraft ausreichend unterstützt?«

Die Kritik durch den Mitarbeiter wird bislang häufig noch vermieden. Für die Zukunft aber gilt das »Prinzip der Wechselseitigkeit« der Beurteilung. Eine einfache Methode finden Sie auf der folgenden Seite. Durch die »Beurteilung der Beurteiler« wird dem kritischen Selbstbewusstsein der Mitarbeiter Rechnung getragen. Führungskräfte haben obendrein durch die Rückkopplung ihrer Mitarbeiter ein gutes Instrument zur Eigenkontrolle.

Zu 7: Sich selbst weiterbilden/entwickeln. Dabei werden sie durch die Führungskräfte unterstützt.

Motto: *Der Lohn für unseren Einsatz ist nicht nur das, was wir dafür bekommen, sondern auch das, was wir dadurch werden können.* (Nach John Ruskin)

Zum Training nicht nur der Führungskräfte sondern auch der Mitarbeiter zwingen Engpässe auf dem Arbeitsmarkt, Ungleichgewichte in der Altersstruktur und Diversität der Unternehmen, ständige Veränderungen der Technik (Digitalisierung) und des Marktes (Globalisierung versus Protektionismus), verstärkter Wettbewerb, neue Führungskonzepte und die Integration von Flüchtlingen in Wirtschaft und Gesellschaft.

Die eigene Führungskraft beurteilen: Acht Skalen zur »Reifegrad«-Bestimmung von Managern

	Reifegrad	
Ziele: Die Ziele eines Unternehmens und der eigenen Einheit sind bekannt und sind von Übereinstimmung aller Mitarbeiter getragen.	4 3 2 1	Zielunklarheit bei den Mitarbeitern, Klagen über keine oder unklare Ziele. Mangelnde Akzeptanz der Ziele.
Zielvereinbarung: Die Ziele eines jeden Mitarbeiters sind vereinbart und können übergeordneten Zielen zugeordnet werden. Zielerreichung ist messbar. Ziele sind anspruchsvoll, realistisch.	4 3 2 1	Ziele sind vorgegeben, Mitarbeiter sehen Zusammenhang zu übergeordneten Zielen nicht oder unzureichend. Unrealistische Routineziele.
Organisation: Strukturen und Prozesse fördern die Zielerreichung. Keine Reibungsverluste durch umständliche Richtlinien. Ziele, Kompetenzen und Verantwortung entsprechen sich. Hohes Maß an Selbstständigkeit und Entscheidungsfreiheit. Chef gibt Rückendeckung.	4 3 2 1	Strukturen und Prozesse sind unklar und verwirrend. Umständliche Richtlinien, Leerlauf. Kompetenzen und Verantwortung entsprechen nicht den Zielen. Detailregelungen führen zu Absicherung und Rückdelegation. Wenig Rückendeckung.
Motivation: Starke Identifikation, Motivation und Loyalität führen zu Engagement und hoher Leistung. Die Arbeit selbst macht zufrieden. Anerkennung (ideell und materiell) entspricht den Erwartungen.	4 3 2 1	Frustration beeinträchtigt das Engagement. Geringe Leistungsbereitschaft. Projekte werden nicht immer zu Ende geführt. Die Arbeit frustriert. Leistung wird unzureichend anerkannt.
Persönlichkeitsentwicklung: Ständige Information, Beratung und Entwicklung der Mitarbeiter.	4 3 2 1	Fachliche und persönliche Entwicklung der Mitarbeiter wird kaum betrieben.
Kooperation: Vertrauen, Fairness, Offenheit und Freundlichkeit am Arbeitsplatz. Kollegiale Zusammenarbeit. Zusagen werden eingehalten.	4 3 2 1	Misstrauen, belastendes Arbeitsklima, mangelnde Akzeptanz, Taktieren. Zusagen werden nicht eingehalten.
Innovation: Innovationen, Änderungen werden mit und von den Betroffenen entdeckt, entwickelt, besprochen. Innovationsbereitschaft wird anerkannt.	4 3 2 1	Änderungen werden angeordnet. Innovationsbereitschaft stößt auf aktiven und passiven Widerstand.
Konfliktmanagement: Stellt sich Konflikten. Geht konfliktäre Situationen pro-aktiv an. Arbeitet These/ Antithese klar heraus. Setzt Konflikt-Energie in ziel-orientiertes Handeln um: Führt zur Synthese oder zu einem fairen Kompromiss. Interveniert bei Konflikt-Eskalation angemessen.	4 3 2 1	Weicht Konflikten aus. Verzögert dadurch Entscheidungen oder tendiert zu »faulen« Kompromissen. Provoziert negative Konflikte, richtet Energie gegen andere. Polarisiert, reagiert affektiv, ohne die Eskalation integrierend zu beherrschen.

Henry Ford: »Erfolg besteht darin, dass man genau die Fähigkeiten hat, die im Moment gefragt sind.«

Doch immer noch tun rund 50 % der deutschen Unternehmen kaum etwas für das Training ihrer Mitarbeiter. In der Hochkonjunktur fehlt es ihnen an Zeit und im Abschwung an Geld.

Ausgerechnet Geringqualifizierte kommen bei der Weiterbildung zu kurz – eine Art sozialer Spaltung.

Mangelhaftes Training der Führungskräfte und Mitarbeiter ist in den USA in neun von zehn Fällen schuld am Zusammenbruch der Unternehmen: So ist Unwissenheit die einzige Sache, die noch mehr kostet als Training.

Aus dieser Einsicht erklärt sich, dass die deutsche Wirtschaft jährlich Milliarden für Aus-, Fort- und Weiterbildung aufwendet. Diese muss sich konsequent auf einen Mehrwert für das Unternehmen und den Menschen ausrichten als zielgerichtete Investition für unternehmensbezogene und persönliche Leistungsverbesserung.

Training muss auf zwei Beinen stehen. Das eine Bein ist das Training durch Führungskräfte, Kollegen und Trainer. Das andere Bein ist die Eigeninitiative des Mitarbeiters, nicht nur bei seiner Ausbildung, sondern auch bei seiner eigenen Weiterbildung – der Mit-Denker fordert aktiv das Training an, das ihn beruflich fit hält.

Wann habe ich welchen meiner Mitarbeiter dazu angeregt?

In den personalpolitischen Grundsätzen eines der größten internationalen Unternehmen heißt es: »Jeder Mitarbeiter hat das Recht auf Förderung.«

Hat der Mitarbeiter nicht auch die Pflicht, für die eigene employability zu sorgen und sich weiterzubilden? Hat die Führungskraft nicht auch die Pflicht, den Mitarbeiter dabei zu unterstützen?

»Wer fördert, wird befördert.« Und: »Wer fordert, der fördert.«

Häufig kann der Mitarbeiter unter Arbeitsdruck nur wenig kontinuierlich an sich arbeiten. Das, was er auf Trainingsveranstaltungen erworben hat, kann er kaum in der dazu notwendigen Ruhe für seinen Arbeitsplatz aufarbeiten. Dann gilt: »Am sichersten vertut man sein Kapital im Spiel, am angenehmsten in Luxushotels und teuren Autos, am schnellsten mit IT, am sinnlosesten mit ungezielten Trainingsmaßnahmen.«

Um kostspieliges Training nach dem Gießkannenprinzip und ohne optimalen praktischen Nutzen zu vermeiden, beantwortet die Führungskraft gemeinsam mit dem Mitarbeiter die folgenden 13 Fragen.

Wollen Sie dies gleich mit einem »schwierigen« Mitarbeiter tun? Geben Sie ihm eine Kopie des Fragebogens und lassen Sie ihn diese Fragen schriftlich beantworten.

13 Fragen zum Ermitteln des Entwicklungsbedarfs von Mitarbeitenden

1. Auf welchen Gebieten leistet der Mitarbeiter gute Arbeit?

   ____

2. Wie weit sind sein Wissen und sein Verhalten entwickelt? (Fachlich, arbeitsmethodisch, menschlich, ethisch)

   ____

3. Wie weit sollen sein Wissen und sein Verhalten entwickelt werden für die derzeitigen und für künftige Ziele?

   ____

4. Was ist zu tun, um die Abweichungen zwischen derzeitigem und gefordertem Wissensstand und Verhalten zu beseitigen? Müssen wir trainieren? Oder sind technische, organisatorische oder personelle Maßnahmen wirksamer, wie z. B. die Versetzung an einen anderen Arbeitsplatz?

   ____

5. Liegt also wirklich ein Trainingsproblem vor? Wenn ja, wie lauten die individuellen unternehmensbezogenen Trainingsbedürfnisse?

   ____

6. Wie lassen sich diese Trainingsbedürfnisse als messbare und damit kontrollierbare Lernziele formulieren?

   ____

7. Bis wann muss der Mitarbeiter seinen Trainingsbedarf abgedeckt haben?

   ____

8. Durch welche Trainingsinhalte lassen sich die Lernziele erreichen?

___

9. Mit welchen Trainingsmethoden lassen sich die Lernziele am ehesten erreichen?

___

10. Eignet sich der Mitarbeiter den Lernstoff selbst an, oder soll er durch andere trainiert werden?

___

11. Mit welchen Methoden wird der Lernerfolg kontrolliert?
Wie wird die finanzielle Wertschöpfung des Trainings gemessen?

___

12. Ist sichergestellt, dass der Mitarbeiter das Gelernte praktisch anwenden kann? Gibt es Widerstände dagegen? Von wem? Wie können diese Widerstände im Voraus abgebaut werden? Wer unterstützt?

___

13. Welche Maßnahmen folgen nach der Schulung?
Wird der Mitarbeiter an einem anderen Arbeitsplatz eingesetzt?
Wird er eine Sonderaufgabe erhalten, bei der er seine neu erworbenen Kenntnisse einsetzen kann?

___

Leiten Sie unmittelbar nach dem Gespräch mit dem Mitarbeiter alle Maßnahmen ein, damit er die vereinbarten Entwicklungsziele erreichen kann.

Prüfen Sie sich bitte selbst: »Wie bin ich bisher beim Training meiner Mitarbeiter – und meinem eigenen – vorgegangen?«, »Wie werde ich mich künftig verhalten?«

Zu 8: Informieren/kommunizieren/kooperieren

Diese Mitarbeiteraufgabe besagt, dass der Mitarbeiter die Führungskraft und seine Kollegen berät und informiert und gut zusammen arbeitet:

»Coach your boss and your peers as soon as you can!«

Dazu beantwortet sich der Mitarbeiter die folgenden Fragen und klärt so ab, was er selbst zu einer besseren Kommunikation beitragen kann und will.

Fragen, um Beziehungen zu anderen Menschen zu reflektieren:

- Was ist das für ein Mensch, mit dem ich immer wieder Konflikte habe? Wo sind wir festgefahren?
- Ist es notwendig, dass ich mich mit diesem Menschen konfrontiere?
- Wo habe ich mich schon positiv verändert?
- Was haben wir bisher getan, um besser miteinander klarzukommen?
- Wie denkt die andere Person darüber? Wie fühlt sie sich?
- Will ich die Beziehung zu diesem Menschen zu 100 % gestalten?
- Was ist der Rahmen für die Beziehung zu diesem Menschen? Zum Beispiel Vertrauen oder Misstrauen, Achtung oder Missachtung, Offenheit oder Verschlossenheit.
- Wann in meinem Leben wurden Vertrauen, Achtung, Offenheit missbraucht? Was aus dieser Vergangenheit übertrage ich in meine/unsere Gegenwart? Mit welchen Folgen?
- Welche drei Verhaltenweisen oder Leistungen finde ich gut an meinem (Konflikt-) Partner?
- Was haben wir Positives miteinander erlebt?
- Unter welchen Voraussetzungen klappt unsere Zusammenarbeit gut?
- Was hat sich verändert? Wann? Wie hat sich der Konflikt seitdem entwickelt?
- Wie erklären Sie sich diese Veränderung? Welchen Sinn erfüllt sie?
- Welche sind die zwei schwierigsten Verhaltensweisen, die seitdem immer wieder auftreten?
- An welchem Wert/an welchen Werten wollen wir uns künftig orientieren?
- Haben wir eine gemeinsame Vision? Wie sieht sie aus? Wohin soll sie uns führen?

- Fühle ich mich der anderen Person gegenüber im seelischen Gleichgewicht?
- Warum nicht? Fühle ich mich diesem Menschen über- oder unterlegen? Worin zeigt sich das? in welchen Äußerungen? Durch welche Körpersprache?
- Was ist die größte Enttäuschung durch den anderen Menschen?
- Werden die Enttäuschungen durch diese Person bei mir zu geistig-seelisch-körperlichen Verhärtungen? Was werde ich dagegen tun? (z. B. Verzeihen und neu starten)
  Vorsicht vor den Psychospielen: »Ich bleibe so lange sauer auf ihn/sie, bis ...« und »dem/der werde ich es aber zeigen, indem ich ...«
- Was muss von mir oder von der anderen Person getan werden, um ein Aufflammen des Konflikts zu vermeiden? Welches konkrete Verhalten hat welchen Effekt auf mich?
- Glaube ich, das Verhalten resultiert aus Unwissenheit oder aus Absicht? Wie habe ich es interpretiert? Ärgert es mich, macht es mich nervös, hektisch, gereizt, aggressiv?
- Tut Wut gut? Verwandle ich Wut in Mut, z. B. wieder auf den anderen Menschen zuzugehen?
- Welche weiterführende Reaktion hätte sich die andere Person von mir gewünscht?
- Wie hätte ich (re)agieren können? Welches Verhalten/welche Einstellung wäre nützlicher gewesen?
- Wodurch entziehe ich dem Konflikt die affektive Aufladung?
- Wie zeige ich meine Freude über geändertes Verhalten?
- Was ist meine aus den Antworten auf diese Fragen resultierende Entscheidung?

Zu 9: Kontrollieren

Dies heißt für den Mitarbeiter

- sich selbstverantwortlich zu kontrollieren
- für die Arbeitsausführung Handlungsverantwortung zu übernehmen

- beim Beurteilungsgespräch selbst den Grad seiner Zielerreichung oder der Zielabweichung zu präsentieren. (Reifegrad-abhängig)

Also: Selbst- und Ergebniskontrolle statt Fremd- und Ablaufkontrolle durch den Chef.

Prüfen Sie bitte, wo bei den neun Mitarbeiteraufgaben die Stärken Ihrer Mitarbeiter liegen. Fragen Sie sich aber auch:

»Welche Zielbereiche vernachlässigen meine Mitarbeiter, welche Verbesserungsmöglichkeiten sind vorhanden?«

Haben Sie bei den neun Aufgaben eines guten Mitarbeiters auch an sich selbst gedacht?

Zeigen Sie – als Mitarbeiter Ihres Chefs –, dass Sie diesen neun Aufgaben beispielhaft gerecht werden?

3.4 Wie analysiere ich Ursachen für abweichendes Verhalten von Mitarbeitenden?

Nehmen wir an, Sie stellen fest:

- dass Ihre Mitarbeiter als Spezialisten ihre Ziele unvollständig erreichen,
- dass ihr Situationsgespür ungenügend entwickelt ist,
- dass sie zu wenig »action flexibility« und »social sensibility« an den Tag legen,
- dass sie die geforderten neun Aufgaben (s. S. 85) nicht zufriedenstellend wahrnehmen.

Was können Sie dann tun?

Um die Ursachen für abweichendes Mitarbeiterverhalten schnell und sicher zu finden, fragen Sie nach der **Art des Problems,** mit dem Sie es zu tun haben:

- Liegt ein Weiß-nicht-Problem vor?
- Liegt ein Kann-nicht-Problem vor?
- Liegt ein Will-nicht-Problem vor?

- Liegt ein Darf-nicht-Problem vor?
- Liegt ein kombiniertes Problem vor?

Ein Beispiel:

Der Leiter des Rechnungswesens verlässt in zwei Jahren aus gesundheitlichen Gründen die Firma. Sie brauchen einen Nachfolger.

Der eigentliche Anwärter hat eine hohe Erbschaft gemacht und von heute auf morgen Ihr Unternehmen verlassen. Sie haben daher mit einem bewährten Mitarbeiter gesprochen. Zu Ihrem Erstaunen ist er von Ihrem Angebot nicht begeistert.

Welche Problemart liegt vor?

- Liegt ein Weiß-nicht-Problem vor?
  Sie stellen fest, dass Sie es mit einem außerordentlich bewährten Spezialisten zu tun haben. Es fehlt Ihm aber an umfassendem Führungswissen.
- Liegt ein Kann-nicht-Problem vor?
  Sie erfahren, dass der Mitarbeiter sich als Projektleiter – also in einer Führungssituation – ziemlich unsicher verhalten hat. Es fehlt ihm offensichtlich an Erfahrung und Können.
- Liegt ein Will-nicht-Problem vor?
  Die Personalleiterin, mit der Sie Ihr Problem besprechen, berichtet Ihnen, dass Ihr Favorit sich über die angebotene Position mit den Worten geäußert habe: »Ich mache lieber meinen alten Job, da kenne ich alle Tricks wie meine eigene Westentasche, da bin ich König.« Der Mitarbeiter will also nicht unbedingt, ist also (noch) nicht motiviert.
- Liegt ein Darf-nicht-Problem vor?
  Der Mitarbeiter erzählt Ihnen: »Selbst wenn ich wollte, ich darf meinen alten Job jetzt nicht verlassen. Da bricht ja sonst alles zusammen. Die ganze Organisation müsste umgebaut werden.« Der Mitarbeiter sieht also ein Darf-nicht-Problem, das durch die Organisationsform bedingt ist.
- Liegt ein kombiniertes Problem vor?
  Wie unser Beispiel zeigt, fehlt es Ihrem Mitarbeiter an Führungswissen und -können. Obendrein ist er nicht motiviert. Schließlich sieht er Probleme, die durch die jetzige Organisation bedingt sind. Sie haben es also mit einem kombinierten Problem zu tun.

Was unternehmen Sie nun nach dieser Analyse?

Wenn Sie keine Alternative für die Stellenbesetzung haben, ergreifen Sie folgende Maßnahmen:

- Als Maßnahme gegen das »Darf-nicht-Problem« klären Sie mithilfe des Mitarbeiters/der Mitarbeiter, wie die neue Organisation auszusehen hat.
- Als Maßnahme gegen das »Will-nicht-Problem« erarbeiten Sie mit Ihrem Mitarbeiter, welche Vorteile er von der angebotenen Position hat und welche verantwortungsvollen Ziele er für das Unternehmen erreichen kann. Sie gewinnen das freiwillige Engagement des Mitarbeiters für dieses Ziel.
- Diese Maßnahmen – Reorganisation und Motivation – sind Voraussetzung für die weiteren Maßnahmen.
- Als Maßnahme gegen das »Weiß-nicht-Problem« und das »Kann-nicht-Problem« schlägt Ihr Mitarbeiter Trainingsmaßnahmen vor. Ziel dieses Trainings ist, dass der Mitarbeiter sich auf seine Fragen zu schwierigen Führungssituationen Antworten holt und außerdem in Führungsmethodik und durch Übungen trainiert wird.
- Unterstützen Sie den Mitarbeiter bei der Vorbereitung seiner Fortbildungen und beim Übertragen in seine Arbeitssituation. Kontrollieren/beurteilen Sie den praktischen Erfolg.

In den ersten 18 Monaten an einem neuen Arbeitsplatz ist die Fluktuation besonders hoch. Der Mitarbeiter braucht daher laufende Integrationshilfen:

So sind in regelmäßigen Fortschrittsbesprechungen seine Leistungen anzuerkennen. Außerdem ist er durch Fragen auf Lösungen hinzuführen, die er bei schwierigen Problemen noch nicht gesehen hat.

> Das **Ergebnis** des Mitarbeiters ist so gut wie die **Güte seiner Entscheidung** für die neue Aufgabe **mal** seiner **Motivation**, diese Entscheidung auch **umzusetzen**.

Insgesamt kostet das geschilderte Vorgehen weniger Zeit und Geld, als wenn Sie sich von außerhalb des Unternehmens einen Mitarbeiter beschaffen. Außerdem geben Sie eine exzellente Visitenkarte ab für problemlösungsorientierte Mitarbeiterentwicklung.

3.5 Leitfragen zum Analysieren und Lösen von Führungsproblemen

Weiß und kann sie/er? (Fähigkeitsbarriere)

1. Mit welchem Mitarbeiter habe ich die größten Probleme?
2. Zwei Dinge, die in unserer Zusammenarbeit immer wieder auftreten ...
3. Was erwarte ich ganz genau von diesem Mitarbeiter?
   Was soll er erreichen? Was will er erreichen?
   Standard-, Innovations-, persönliche Entwicklungsziele, integrierte Ziele.
   Wie misst der Mitarbeiter, ob er die vereinbarten Ziele erreicht hat?
   Leistungsstandards:
   Zeit, Kosten, Quantität, Qualität, Qualität der Zusammenarbeit.
4. Ist es reifegradspezifisch sinnvoll, messbare Teilziele zu vereinbaren?
5. Hat er das erforderliche Wissen und Können, um die vereinbarten Ziele zu erreichen?
   Sind ihm diese Ziele wirklich angemessen?
   Wo unterfordert oder überfordert er sich selbst?
   Wo hat er Lücken? Was wird veranlasst, damit er sie schließt? (von ihm? von mir?)
   Wo liegt seine größte Stärke?
   Wie kann ich helfen, sie für unsere Ziele zu nutzen?

Will sie/er? Will ich? (Motivationsbarriere)

6. Ist das Ziel motivierend für sie/ihn?
   Erfüllt es die »**Anforderungen an eine motivierende Arbeit**«?
   a) Identifizierbarkeit
   b) Handlungsspielraum (»Freiheit in der Arbeit«)
   c) persönliche Verantwortung für
      - Zeit
      - Kosten
      - Quantität
      - Qualität
      - Qualität der Zusammenarbeit

d) unmittelbare Kommunikation mit den
   - Beteiligten
   - Kunden
e) unmittelbares Feedback
f) Lernpotenzial durch Herausforderung
g) hohe Konzentration mit voller Aufmerksamkeit
h) Motivationspotenzial der Arbeit insgesamt: Gewinnt oder verliert der Mitarbeiter Energie durch seine Arbeit?

Abb. 20: Wo wird der Mitarbeiter überfordert? Wo überfordert er sich selbst?

7. Wann habe ich das letzte Mal mit diesem Mitarbeiter kommuniziert, nur um recht zu behalten?
8. Wann habe ich ihn das letzte Mal kritisiert? (Wie intensiv?)
   Wann habe ich ihn das letzte Mal anerkannt? (Wie intensiv?)
   Wie ist die Relation zwischen Kritik und Anerkennung?
   Wie verhält er sich mir gegenüber?
   Besteht ein Zusammenhang zwischen den beiden letzten Fragen? Welcher?
   Was folgert daraus für mein Verhalten diesem Mitarbeiter gegenüber?
9. Welches Verhalten, das die Beziehung zu diesem Mitarbeiter beeinträchtigt, spreche ich bisher nicht an? (Rückhalte)
   Wodurch sabotiert sich der Mitarbeiter selbst?
10. Wie viel Zeit habe ich jede Woche für ihn?
    Ist mein Zeitaufwand seinem Reifegrad angemessen?
11. Wann habe ich das letzte Mal zu diesem Mitarbeiter gesagt: »Ich habe keine Zeit«, obwohl ich eigentlich nicht wollte?
12. Auf welcher Ebene habe ich mit diesem Mitarbeiter Konflikte? (Wert-, Gefühls-, Sach-Ebene)
    Wie lautet seine/meine Konflikt-These?
    Welches ist die daraus resultierende Fragestellung?
    Wie lautet die Synthese?
13. Will ich die Beziehung zu diesem Mitarbeiter wirklich gestalten?
    Will ich wirklich hundertprozentig mit ihm kommunizieren?

Darf sie/er? (System- und Risikobarriere?)

14. Spreche ich mit dem Mitarbeiter über Behinderungen durch das »System«?
    Wenn wir diese Organisation neu gründen würden:
    Wie sieht sie dann aus?
15. In welcher Hinsicht überfordert das System den Mitarbeiter?
16. Unterstütze ich den Mitarbeiter beim Überwinden und Auflösen von Zielkonflikten?
    Was und wen braucht der Mitarbeiter außerdem für die Unterstützung seiner Ziele?

17. Hat der Mitarbeiter die Ressourcen, die Kompetenzen und die Verantwortung, die er benötigt, um die Ziele zu erreichen? Nimmt er sich Kompetenzen (für Innovationen), die ihm nicht zustehen? Wie bewerte ich das?
18. Was will ich jetzt auf jeden Fall in Bezug auf diesen Mitarbeiter unternehmen, damit er weder sein Saatgut noch das des Unternehmens aufisst?

Vorsicht: Es gibt Chefs, die einen Mittelstürmer als Torwart einsetzen! Oder einen Torwart als Club-Präsidenten.

Menschen brauchen Zuspruch und Anspruch, Ermutigung statt Gerichtspredigt!

Denn: Führen heißt, anderen zu Erfolgen zu verhelfen.

Abb. 21: Was sind meine Signale der (Nicht-)Anerkennung?

4 Die Gruppe

Motto: *TEAM – Together everyone achieves more.*

4.1 Wann Einzelarbeit? Wann Gruppenarbeit?

Vorsicht vor »Teams without Steam«: Es gibt Rennen, die werden allein gewonnen! Selbstdenker werden von schlechten Teams abgestoßen, denen individuelle Brillanz oder Führungsanspruch verdächtig ist.

In vielen Unternehmen sind Mitarbeiter acht von zehn Stunden in Kooperationsarbeiten eingebunden. Adam Grant in HBR: »Sie kommen demnach bei der Arbeit nicht mehr – zum Arbeiten.«

Einzelarbeit ist der Gruppenarbeit immer dann vorzuziehen,

- wenn ein Mitarbeiter ein Ziel rationeller erreichen kann als mehrere zusammen.
- wenn der gesunde Menschenverstand gebietet, ein kompetentes Individuum auf ein unmissverständlich vereinbartes Ziel hin ungestört arbeiten zu lassen.

In einer solchen Situation wäre es organisatorisch unsinnig, ein Projektteam zu bilden.

Wann ist dagegen Gruppenarbeit der Einzelarbeit vorzuziehen?

Sie ist immer dann vorzuziehen, wenn die Gesamtleistung, die durch mehrere Spezialisten gemeinsam erbracht wird, mehr sein soll als nur die Addition der Einzelleistungen der Mitarbeiter. Gruppenleistung ist also dann sinnvoller, wenn feststeht, dass »viele Köche eben nicht den Brei verderben, sondern ihn schmackhafter machen«.

Wann ist Denken in der Gruppe sinnvoll? (nach Jaron Lanier):

- Das Kollektiv kann immer dann Klugheit beweisen, wenn es nicht die eigenen Fragestellungen definiert.
- Wenn eine Frage mit einem schlichten Endergebnis wie einem Zahlenwert beantwortet werden kann.
- Wenn das Informationssystem, welches das Kollektiv mit Fakten versorgt, einem System der Qualitätskontrolle unterliegt, das sich in hohem Maße auf Individuen stützt.

Wenn nur eine dieser Vorgaben entfällt, wird die Gruppe unzuverlässig: Statt Schwarmintelligenz herrscht dann Herdentrieb. Gunter Dueck nennt es »schwarmdumm«.

Die Folgerung: den Wert der Gruppe maximieren, indem wir dem Individuum Raum geben.

Ein Individuum dagegen entwickelt ein Höchstmaß an Dummheit, wenn es
- mit umfangreichen Machtfunktionen ausgestattet und
- von den Folgen seiner Handlungen abgeschirmt wird.

Haben Sie einen solchen Menschen vor Augen?

Die Gruppenleistung wird aber nur dann größer als die Leistung eines Einzelnen sein, wenn es gelingt, leistungsfähige Gruppen zusammenzustellen. GE: Bunt zusammengewürfelte Gruppen sind 20 % produktiver als Gruppen, in denen alle die gleichen Voraussetzungen mitbringen.

Hier einige Fragen, um zu prüfen, wie effektiv Teams sind, mit denen Sie zusammenarbeiten oder in denen Sie arbeiten:

- Wie viel Energie steckt die Gruppe in das Sich-Bekämpfen und den Widerstand gegen andere Einheiten?
- Stecke ich persönlich meine Energien ins Vorwärtsgehen oder in den Widerstand gegen Ideen anderer?
- Was will ich/will wer durch mein/sein Dagegen-Sein erreichen? Wem gegenüber, in welcher Situation verfalle ich in »Veto-Mentalität«?
- Bei wem ersetzt mitunter die Faust auf dem Tisch die Gedanken im Kopf?
- Wo gefährde ich mich oder die Gruppe durch rechthaberische Streitsucht und pedantische Schärfe?
  Beispiel: »Wie oft habe ich Ihnen schon gesagt!« (Das überzeugt!)
  Härte ist nicht Stärke, Sturheit ist nicht Konsequenz.
- Wer fühlt sich angegriffen, wenn jemand eine Meinung ausspricht? Ein in sich ruhender Mensch kann sich unterschiedliche Meinungen anhören und sich mit ihnen auseinandersetzen.
- Wo werden wir gemeinsam die Herausforderung angehen, statt gegeneinander zu kämpfen?

- Wo wird intrigiert, statt mit offenem Visier gekämpft? Intrigen sind der Weg zu kämpfen, ohne die scheinbare Harmonie zu gefährden.
- Ist uns bewusst, dass gerade bei komplexen Fragestellungen Teams mit Menschen unterschiedlichen Alters produktiver sind als andere?

Was ist die wohl größte Gefahr für Gruppenentscheidungen?

Der Bauer ist klug,
die Dorfversammlung dumm.
(Russisches Sprichwort)

4.2 Gruppendruck

Motto: *Wenn ihr mich mit Leuten umgebt, die der gleichen Meinung sind, umgebt ihr euch mit den falschen Leuten.*
(Condoleezza Rice) – denn:
Auch wenn alle einer Meinung sind, können alle Unrecht haben.

Unter welchen Bedingungen ist die Leistungsfähigkeit von Gruppen eingeschränkt?

Um dies zu demonstrieren, greifen wir die Erscheinung des »Gruppendrucks« aus zahlreichen Phänomenen der Gruppendynamik heraus.

Gruppendynamik beschäftigt sich mit den Fragen,

- wie Gruppen entstehen,
- wie sie funktionieren und sich verändern,
- wie ihre Mitglieder untereinander in Beziehung stehen,
- wie Gruppen sich anderen Gruppen und größeren sozialen Einheiten gegenüber verhalten.

Gruppendruck ist für die Praxis einer Führungskraft besonders bedeutsam. Hier ist das Ziel, Ihre Fähigkeit zu schärfen, fehlerhaftes Gruppenverhalten zu diagnostizieren.

Was ist Gruppendruck?

Gruppendruck liegt vor, wenn Mitglieder von Gruppen eine Entscheidung fällen, die, sei sie auch noch so falsch und unrealistisch, auch unter starker Gegenargumentation beibehalten, meist sogar gefestigt wird.

Gruppendruck beraubt der Minderheit im Namen der Mehrheit ihrer Rechte. Heribert Prantl: »Das Plebiszit kann ... auch etwas Furchtbares sein, wenn sich darin nur die Egoismen addieren und Vorurteile gegenüber Minderheiten verfestigen ... Mehrheit ist also nicht gleichzusetzen mit Wahrheit, Richtigkeit, Verfassungsmäßigkeit.« Und: »Es kann etwas Wundervolles sein, wenn es ein Ausdruck einer kollektiven Verantwortung für das Gemeinwesen ist.«

Ursache für Gruppendruck ist, dass der Einzelne sich anders verhält, sobald er nicht mehr allein ist. Urteilsbildung wird durch soziale Einflüsse verändert:

- Unter »**Reputationsdruck**« passt man sich an. Niemand wird gerne von Kollegen abgewertet.
- Der »**Kaskadeneffekt«:** Immer mehr Mitarbeiter schließen sich der Ansicht des Chefs an. »Sie werden Putin immer nur das berichten, was er ihrer Meinung nach hören möchte.« (Andrej Soldatow, 2022)

Verdeutlichen wir uns diese Tatsache an einem originellen Experiment:

In einer schalldichten Kabine sitzt eine Person, die über Kopfhörer einige Witze hört. Zu jedem Witz hört sie die Reaktionen vier anderer Personen. Wie sie glaubt, sitzen diese in den Nachbarkabinen. In Wirklichkeit jedoch spielt man ein Tonband ab. Die Reaktionen der vier anderen sind in vier Stufen unterteilt, von eisigem Schweigen bis zu brüllendem Gelächter. Die Reaktion der Person wird auf Band aufgenommen.

Anschließend muss sie eine schriftliche Beurteilung des jeweiligen Witzes abgeben. Ihr liegen dazu vier Beurteilungsmöglichkeiten vor von »überhaupt nicht lustig« bis »äußerst lustig«.

Was war das Ergebnis?

Es zeigte sich, dass zwei von drei Personen die Witze schriftlich anders beurteilten, als ihre unmittelbare Reaktion in der Kabine hätte vermuten lassen. Schriftlich beurteilten sie beispielsweise einen Witz als »überhaupt nicht lustig«, auch wenn sie entsprechend der Reaktion der vermeintlich anderen vier Personen mitgelacht hatten. Zwei von drei Personen hatten also die Stärke ihres Gelächters dem der vermeintlichen vier Gruppenmitglieder angepasst. (»Reputationsdruck«)

Dieses »witzige« Experiment zeigt, dass ein Mensch, der allein ist, Meinungen vertritt, die er im Beisein anderer nicht oder anders geäußert hätte.

Durch Gruppendruck ist Teamwork nicht diskriminiert. Denn es behält seinen Wert, wenn es gelingt, die verschiedenen Symptome des »Gruppendrucks« zu erkennen und ihnen wirksam zu begegnen.

Um Ihnen die Diagnose von »Gruppendruck« zu erleichtern, hier die acht Symptome:

Acht Symptome von Gruppendruck
1. Die Gruppe fühlt sich unverwundbar, ist überoptimistisch.
2. Sie hat die Illusion der Einmütigkeit.
3. Eine Ansicht wird überbetont.
4. Es existieren unterschwellige Konflikte.
5. Die andere Seite wird unterbewertet.
6. »Meinungswächter« haben einen starken Einfluss.
7. Moralischer Druck gegen die Minorität: Auf Andersdenkende wird Druck ausgeübt.
8. Minoritäten zensieren sich selbst.

Dazu nun einige Beispiele, wie sie täglich beobachtet werden können:

Zu 1 und 5: Die Gruppe fühlt sich unverwundbar/ Unterbewertung der anderen Seite

Sie überschätzt ihre eigene Stärke: »Uns kann doch keiner – bei der Marktstellung.« Gleichzeitig wird der Gegner unterbewertet: »Die Konkurrenz kann uns mit ihren Produkten doch nicht am Zeug flicken, wie sollte sie auch?« Die Gruppe neigt bei solchen Grundeinstellungen dazu, riskanter zu entscheiden als ein Einzelner.

Vorsicht also, wenn Ihre Gruppe sich unverwundbar fühlt.

Zu 2: Illusion der Einmütigkeit

»Schweigen bedeutet Zustimmung.« Statt dass auf eine Übereinstimmung aller hingearbeitet wird, wird die Mehrheit abgezählt. Mehrheitsbeschlüsse werden selbst bei extrem großen Minderheiten noch geduldet: Diktatur der 50,1 % infolge der »Guillotine der Abstimmung«.

Wann wurden in Ihrer Gruppe Mitglieder bei Entscheidungen knapp überstimmt? Was entstand daraus?

Zu 3 und 5: Eine Ansicht wird überbetont/ Unterbewertung der anderen Seite

Argumente werden hochgespielt: »Vergessen Sie bitte nicht, die Statistik hat uns noch immer recht gegeben.« Ernstzunehmende Warnungen werden heruntergespielt mit den Worten: »Dass Sie auch immer unken müssen.« Der einseitige Glaube an die eigene Sache dominiert: »Was soll denn an dem bisschen Feinstaub in der Luft so schlimm sein?«

Vorsicht also, wenn in Ihrer Gruppe eine Ansicht überbetont wird.

Zu 4: Es existieren unterschwellige Konflikte

Man spielt sich gegenseitig aus: »Wenn Sie diese Aufgabe nicht übernehmen, macht es eben Ihr Kollege.«

Welche unterschwelligen Konflikte exisitieren in Ihrer Gruppe?

Zu 5: »Meinungswächter« haben einen starken Einfluss

»Ich bin wieder ganz meiner Meinung!«

»Wir haben doch unseren Entschluss entsprechend den Richtlinien gefasst. Sollen wir nochmal von vorne anfangen? Jetzt wird gehandelt.«

Vorsicht also bei starkem Einfluss von Meinungswächtern.

Abb. 22: »Jeder hat die gleiche Chance, die gleiche Meinung zu haben!« (Werner Hildebrandt) Wie schwer ist es, der Eitelkeit zu entsagen, die Weisheit gepachtet zu haben?

Zu 7: Moralischer Druck gegen die Minorität: Auf Andersdenkende wird Druck ausgeübt

Es besteht ein klar erkennbarer Zwang zur Konformität. Eine unabhängige Meinungsbildung kann nicht zustande kommen. Fundierte Kritik Andersdenkender wird unterdrückt, wie im VW-Abgasskandal geschehen. Wer eine neue Idee hat, wird attackiert: »Sie glauben doch wohl nicht im Ernst, dass wir den Gewinn steigern können, indem wir unsere Produktpalette zusammenstreichen?«

Wann wurde zuletzt in Ihrer Gruppe auf Andersdenkende Druck ausgeübt?

Zu 8: Minoritäten zensieren sich selbst

Sie spielen ihre eigenen Zweifel herunter: »Vielleicht ist es wirklich übertrieben, dass wir wegen des Verpackungsfehlers das neue Produkt madig machen.« Oder man bemerkt, wenn man feststellt, dass man mit den eigenen Argumenten bei der Majorität nicht durchkommt: »Der Klügere gibt nach.« Wenn gar nichts hilft, isoliert sich die Minorität, sie flieht: »Macht euren Kram alleine.«

Wann hat sich das letzte Mal in Ihrer Gruppe die Minorität selbst zensiert?

Prüfen Sie sich selbst:

- Wann sind Sie das letzte Mal dem »Gruppendruck« erlegen?
- Wann haben Sie das letzte Mal »Gruppendruck« ausgeübt?

Fazit: In manchen Teams stellt der kleinste gemeinsame Nenner der Weisheit letzten Schluss dar.

Wir nennen **fünf Gefahren des Gruppendrucks** für Zusammenarbeit und Leistung:

- Nicht alle Lösungsmöglichkeiten werden diskutiert, Risiken werden unterschätzt.
- Nur Informationen, die eine Meinung bestätigen, werden in die Entscheidung einbezogen.
- Experteninformationen werden nicht zusätzlich zu den eigenen Informationen eingeholt. Betriebsblindheit wird dadurch gefördert.
- Ein einmal eingeschlagener Kurs gilt als unabänderlich und wird nicht laufend überprüft.

• Notmaßnahmen/Alternativszenarien werden nicht entwickelt.

Wie können Sie diesen fünf Gefahren vorbeugen?

Hier Maßnahmen, wie sie ursprünglich für politische Entscheidungen des Weißen Hauses entwickelt wurden:

Acht Maßnahmen gegen Gruppendruck
1. a) ein Mitglied zum »advocatus diaboli« ernennen (abwechselnd) b) jedes Mitglied ist Kritiker Ziel: Artikulieren von Zweifeln und Risiken
2. als Führungskraft die persönliche Meinung zunächst nicht äußern Ziel: Erweitern des Spielraums für andere Beteiligte
3. externe Experten auf das gleiche Problem ansetzen Ziel: dominierende Ansichten hinterfragen
4. vor der Entscheidung Diskussion eines jeden Mitgliedes mit einem (fachlichen) Partner → Bericht an die Gruppe Ziel: Versachlichen der individuellen Meinungsbildung
5. Diskussion in Untergruppen Ziel: Die Wirkung des Meinungswächters ausschalten
6. Warnsignale beachten, verwerten Ziel: Rechtzeitig eingreifen können
7. nach Vorentscheidung die »zweite Wahl« diskutieren Ziel: Mithilfe von Nutzwert- und Risiko-Analyse der zweiten Wahl eine Chance geben.
8. Das Ganze/die Vision/das integrierte Ziel im Auge behalten.

»Lieber geniale Lästermäuler als Wendehals-Opportunisten!«

Karl Lagerfeld: »Für mich sind die Leute interessant, die das machen, was ich selbst nicht kann, weil es mir nicht entspricht«.

»Ich bin mir meiner Unzulänglichkeit wohl bewusst«, meint selbst James Bond in »Goldfinger«.

Unterstütze ich die Minorität gegen die Tyrannei der Mehrheit und die Dummheit der Intoleranz?

4.3 Wodurch zeichnet sich eine leistungsfähige Gruppe aus?

Motto: *In Teams ohne Gruppendruck entsteht Kreativität!*

An welchen Maßstäben orientieren sich Gruppen, um Risiken wie »Gruppendruck« zu vermeiden und ihnen wirksam zu begegnen?

Vorab: Hat die Gruppe ein klares Ziel, einen sauber definierten Auftrag?

Sechs Maßstäbe leistungsfähiger Gruppen, die überwiegend der Forderung nach Lokomotion gerecht werden:

1. Alle Mitglieder einer leistungsfähigen Gruppe sind auf das Problem, die zu beantwortende Frage vorbereitet und haben sich hierzu schon Gedanken notiert. Jeder kann und will etwas zur Fragestellung beitragen. (Siehe Band »Besprechungen zielorientiert führen«)

   Kann und will in Ihrer Gruppe jeder etwas beitragen?

   Eine leistungsfähige Gruppe zeichnet sich dadurch aus, dass entsprechend der individuellen Befähigung die Funktionen zielgerichtet verteilt sind (in Besprechungen: Moderator, Protokollführer »neuer Art«).

   Die Gruppe ist auf Zusammenwirken hin organisiert. Alle Mitglieder verfolgen ein gemeinsames Projekt- und Besprechungsziel. Sie wissen, wofür sie arbeiten. Alle ziehen an einem Strang. Vereinbarte Leistungsstandards für Zeit, Kosten, Quantität und Qualität sichern eine reibungslose Zusammenarbeit.

   Sind in Ihrer Gruppe die Funktionen klar und zielgerichtet verteilt?

   ___

   Welche gemeinsamen Normen existieren in Ihrer Gruppe?

   ___

2. Ist man sich darüber einig, dass man miteinander kooperieren und nicht in der Gruppe konkurrieren will?

3. Wird ausdrücklich einzelnen Gruppenmitgliedern im Wechsel die Rolle des unbequemen Kritikers, des »advocatus diaboli«, zugewiesen? Der jeweilige Kritiker ficht einseitige Meinungen an. Ein multinationaler Konzern beispielsweise fordert seine Mitarbeiter bewusst auf,

auch Ansichten zu äußern, die von den offiziellen Richtlinien abweichen.

Wann und von wem wurden In Ihrer Gruppe dominierende Ansichten angezweifelt?

---

4. In einer leistungsfähigen Gruppe herrscht keine Bürokratie, niemand klammert sich perfektionistisch ans Detail. Entscheidungen werden nicht verschleppt. Nicht nur die Einzelnen, sondern auch die Gruppe entscheiden eindeutig und – wenn die Sache es erfordert – auch rasch.

   Wann ist in Ihrer Gruppe das letzte Mal unbürokratisch und unternehmerisch entschieden worden? (Siehe Kapitel 2.4.5 »14 Fragen zur Diagnose der Entscheidungssituation und zur Wahl des Entscheidungsstils«)

---

5. In einer leistungsfähigen Gruppe werden vor endgültigen Entschlüssen die bisherigen Ergebnisse überprüft – insbesondere die zweitbeste Alternative. Zweifel werden spätestens jetzt offen geäußert. Um die Entscheidung abzusichern, werden Kollegen und von Betriebsblindheit freie Experten hinzugezogen und ihre Reaktion ausgewertet.

   Vorübergehend sollte die Gruppe auch in Untergruppen tagen. Gegensätzliche Meinungen können so unbeeinflusster abgewogen werden.

   Werden in Ihrer Gruppe weitreichende Entschlüsse noch einmal überprüft?

---

6. Schließlich wird die Entscheidung klar und verständlich formuliert.

   Wie lautete die präzise Entscheidung, die in Ihrer letzten Besprechung getroffen und protokolliert wurde?

Nun zu den vier Maßstäben leistungsfähiger Gruppen, die überwiegend der Forderung nach Kohäslon gerecht werden.

1. In einer leistungsfähigen Gruppe muss niemand zur Mitarbeit gezwungen werden. (In einem deutschen Unternehmen wurde der Besprechungsraum als »Druckkammer« bezeichnet). Es gilt das »ROWE«-Prinzip: Keine Besprechung ist verpflichtend. (ROWE = Results on work environment)

   Engagieren sich in Ihrer Gruppe alle Mitglieder freiwillig?

   ___

2. In einer leistungsfähigen Gruppe ist niemand aus persönlichen Interessen und Ressortegoismus auf Einzelleistung fixiert. Gruppenarbeit wird nicht als Popularitätswettbewerb verstanden. Alle Mitglieder verstehen die Gruppe als Einheit und erkennen ihre Mitglieder als gleichberechtigte Partner an. Dies äußert sich In einem solidarischen »Einer für alle, alle für einen. Alle für das gemeinsame, das integrierte Ziel.«

Abb. 23: Alle sind Sieger! Niemand wird isoliert.

Das Verständnis für die unterschiedlichen Charaktere und Auffassungen der Mitglieder lässt sich mit den Worten des Vorsitzenden einer großen deutschen Organisation wiedergeben: »Toleranz besteht darin, dass man sich freut, dass andere anderer Meinung sind«. Das Team erwischt sich gegenseitig beim Gut-Sein!

Explosive Spannungen und Konkurrenzkampf können nicht entstehen. Daher fühlt sich der Einzelne in der Gruppe auch sicher.

Psychologische Sicherheit ist der Schlüssel für effektive Teamarbeit (google Studie 2018).

Bei Flugzeugbesatzungen konnte man beispielsweise in Krisensituationen zunehmende Kohäsion und reduzierte Angst des einzelnen Mitgliedes feststellen.

Woran zeigt sich, dass Ihre »Crew« als Einheit handelt und dass ihre Mitglieder Y-theoretisch eingestellt sind?

---

3. In einer leistungsfähigen Gruppe beteiligen sich alle Mitglieder. Keiner monologisiert. Niemand wird isoliert. Nur selten wird jemand beim Reden unterbrochen.

   Das Motto lautet: *Reden ist Silber, Zuhören ist Gold.*

   Wer in Ihrer Gruppe ist zu viel und wer zu wenig beteiligt?

---

4. Eine leistungsfähige Gruppe hält engen Kontakt zu anderen Organisationseinheiten und zu ihren Kunden. Während und nach der Entscheidung beobachtet sie die Reaktionen betroffener Gruppen. Sie kalkuliert Warnsignale durch Alternativpläne in ihre Entscheidung ein.

   Wie eng ist der Kontakt Ihrer Gruppe zu anderen Organisationseinheiten? Sind integrierte Ziele vereinbart, Arbeitsprozesse einheitsübergreifend entworfen, gibt es Nahtstellen statt Schnittstellen?

Wir kommen jetzt zu den neun Maßstäben für leistungsfähige Gruppen, die gleichzeitig sowohl der Forderung nach Kohäsion als auch der Forderung nach Lokomotion gerecht werden:

1. Alle Mitglieder sind in Gruppenarbeit geübt. Fehlen umfangreiche Erfahrungen, so sind die Mitglieder zumindest trainiert.

   Wer in Ihrer Gruppe benötigt ein zusätzliches Training, z. B. für die Arbeit in Projektgruppen?

   ___

2. In einer leistungsfähigen Gruppe ist derjenige Moderator der Gruppe, der am fähigsten ist, die Gruppe als Neutraler zu führen. Führer ist der, der die Beiträge der Gruppenmitglieder so auf das gemeinsame Ziel hin koordiniert, dass dieses erreicht wird und der Zusammenhalt der Gruppe gewahrt bleibt.

   Wer in Ihrer Umgebung moderiert die Gruppe in einem ausgewogenen Verhältnis von Lokomotion und Kohäsion?

   ___

3. Eine leistungsfähige Gruppe setzt sich nur aus solchen Mitgliedern zusammen, deren Motivation es ist, die Entscheidung in gemeinsamer Verantwortung zu fällen und umzusetzen. Diese dritte Bedingung ist auch in unserer Faustformel enthalten: »Jedes Ergebnis ist so gut wie die Güte der Entscheidung mal der Motivation, diese Entscheidung auch umzusetzen.«

   Es ist sicher nicht auszuschließen, dass einer allein eine hervorragende Entscheidung fällen kann. Wie aber werden sich die anderen dafür einsetzen, wenn sie diese Entscheidung ohne ihr Zutun »vor die Nase gesetzt« bekommen? Mit steigendem Anteil an der Entscheidung werden die Mitarbeiter engagierter und die Zielerreichung wird für sie attraktiver. Daher hilft Arbeit in Projektgruppen auch, die Trennung in Entscheidungsvorbereitung, die eigentliche Entscheidung und deren Umsetzung zu überwinden.

   Sind in Ihrer aktuellen Projektgruppe wirklich alle die beteiligt, deren Motivation für das zu lösende Problem entscheidend und stark ist?

   ___

4. Eine leistungsfähige Gruppe zeichnet sich aus durch eine optimale Gruppengröße:

   - Für alle Gruppen mit gerader Mitgliederzahl gilt grundsätzlich, dass sich leicht ein Patt ergibt, sich also keine Mehrheit finden lässt. Von keiner der beiden Parteien wird eine solche Situation als befriedigend empfunden. Insbesondere bei zwei Personen neigen diese dazu, die anfallenden Probleme zu behutsam anzufassen und unter hoher Anspannung zu arbeiten.

   - In einer Dreiergruppe verbinden sich häufig zwei gegen einen. Das isolierte Gruppenmitglied wird unsicher. Daher neigt es entweder zur Anpassung und hält innovative Ansichten und provozierende Fakten zurück. Oder aber es wird aggressiv.
     Daher machen Sie sich wieder und wieder bewusst:
     Die Intelligenten sind nicht immer am leichtesten zu moderieren. Andererseits: (Sozial) intelligente Menschen kommen meist auch mit schwierigen Umständen klar.

   - Zu große Gruppen mit über 15 Mitgliedern neigen zur Cliquenbildung. Das Verantwortungsbewusstsein des einzelnen Mitgliedes sinkt. Der ca. 30-köpfige Beirat der HRE war ein trauriges Beispiel für diffusion of responsibility.

   - Gruppen mit mehr als 30 Mitgliedern zeigen klar erkennbare qualitative Veränderungen. Sie verlieren ihren eigentlichen Gruppencharakter. Beispielsweise sind die Funktionen und ihre Verantwortung nicht klar verteilt. Die Gruppe ist nicht mehr überschaubar.

   - Mit wachsender Mitgliederzahl steigt die Leistung bei komplexen Aufgaben zunächst stark an. **Gruppen mit fünf bis maximal neun Mitgliedern erweisen sich als optimal.**

   Fragen Sie sich kritisch:

   Wie groß sind die Projektgruppen in meinem Unternehmen?

   Wie viele Personen sind an Besprechungen beteiligt?

   Nehmen Sie die Größe solcher Gruppen kritisch unter die Lupe. Es zahlt sich aus (Senkung der Besprechungskosten).

5. Damit eine Gruppe leistungsfähig ist, muss genügend Zeit vorhanden sein. Unter Zeitdruck leiden sowohl Lokomotion als auch Kohäsion. Aus Zeitgründen ist allerdings manchmal ein weniger ausgewogenes Ergebnis in Kauf zu nehmen. Dieses Risiko sollte jedoch bewusst kalkuliert werden.
   Verfügt Ihre Gruppe über genügend Zeit für das Wesentliche?

   ---

6. Damit Gruppenarbeit mehr bringt als Einzelarbeit, tragen ihre Mitglieder gemeinsam mehr Informationen zur Zielerreichung bei als ein Einzelner. Keiner kann heute noch wie Leibniz von sich sagen: »Ich beherrsche das Wissen meiner Zeit.«

   Insbesondere **bei komplexen Problemen kann eine Gruppe**

   - das Problem eher von verschiedenen Seiten beleuchten,
   - die Ziele messbarer definieren,
   - die möglichen Ursachen des Problems exakter analysieren,
   - mehr Lösungsmöglichkeiten anbieten durch vernetztes Wissen
   - mehr Folgeprobleme sehen, die sich aus einer Lösung ergeben können, und schließlich
   - mehr Kontrollmöglichkeiten zum Projektverlauf ermitteln.
   - sich motivierter für die gemeinsame Entscheidung einsetzen.

   Unter den oben genannten Voraussetzungen sind Gruppen Individuen überlegen (Journal of Personality and social Psychology): »Wenn es darum geht, ein konkretes technisches Problem zu lösen, sticht eine Gruppe jedes noch so begabte Individuum aus. Wir stellten fest, dass Gruppen von drei, vier oder fünf besser abschnitten als die jeweils besten Individuen, und schreiben diese Leistung der Fähigkeit der Leute zu, zusammenzuarbeiten.« 760 Studenten wurden aufgeteilt in Gruppen und in die entsprechende Zahl Einzelkämpfer. Die Gruppen schnitten immer besser ab als das leistungsfähigste Individuum. Sonderfall Zweier-Teams: Hier war das Team genau so gut wie der Beste der zwei Einzelkämpfer, die auf das Problem angesetzt wurden. Ab drei Personen ist eine Gruppe so leistungsstark, dass selbst der Beste unter den allein arbeitenden Individuen nicht dagegen ankommt.

   Goethe hat also wieder einmal das Richtige formuliert: »Es ist nicht gut, dass der Mensch allein sei und besonders nicht, dass er allein arbeite. Vielmehr bedarf es der Anteilnahme und Anregung, wenn etwas gelingen soll.«

Zur Analyse welcher (potenzieller) Probleme können in Ihrer Gruppe welche Mitglieder mehr Informationen beitragen als ein Einzelner?

---

7. In leistungsfähigen Gruppen wird der Diskussionsspielraum so weit wie möglich gehalten, um mehr Beiträge zum Thema zu erhalten. Daher werden die Vorschläge Ranghöherer nicht zu früh genannt.

   Haben Sie auch schon Chefs als Diskussionsleiter erlebt, die eine Besprechung mit den Worten eröffneten »Meine Meinung, die Sie ja schon kennen, darf ich zu Beginn noch einmal präzisieren ...«?

   Die Gefahr ist, dass die Gruppe diese Vorschläge unreflektiert übernimmt und den Standpunkt bezieht: »Bitte, teilen Sie mir meine Meinung mit.« Eine folgende Diskussion artet in Akklamation aus.

   Wer sorgt in Ihrer Gruppe für divergierende Ansichten zur Problemstellung?

   Daher: Intelligenter Widerspruch ist besser als passive Zustimmung. »Nur wer seinen eigenen Weg geht, kann von niemandem überholt werden.« (Marlon Brando)

8. In einer leistungsfähigen Gruppe findet statt politischer Geheimniskrämerei ein vertrauensvoller, offener und freier Austausch von Informationen statt.

   Das positive Denken in der Gruppe wird gefördert. Die Fragen lauten: »Was ist gut daran?« »Was ist zu ergänzen?« »Wie können wir unterschiedliche Aspekte integrieren?« Der Mut, eigene Ansichten zu ändern, wird von allen gefördert. Jeder weiß, dass Impulse aus der Gruppe das eigene Wissen bereichern. Die Mitglieder stellen sich einer Diskussion über die Interaktion der Gruppe. Sie sind der Meinung, dass sich die Gruppenleistung nicht nur im erzielten Ergebnis ausdrückt, sondern auch in der Art, wie die Gruppe zusammenarbeitet.

   Wann und mit welchem Ergebnis ist in Ihrer Gruppe das letzte Mal über deren Funktionsfähigkeit diskutiert worden (auch über den Nutzen von Info-Meetings im Zeitalter von E-Mail, Skype, WebEx etc.)?

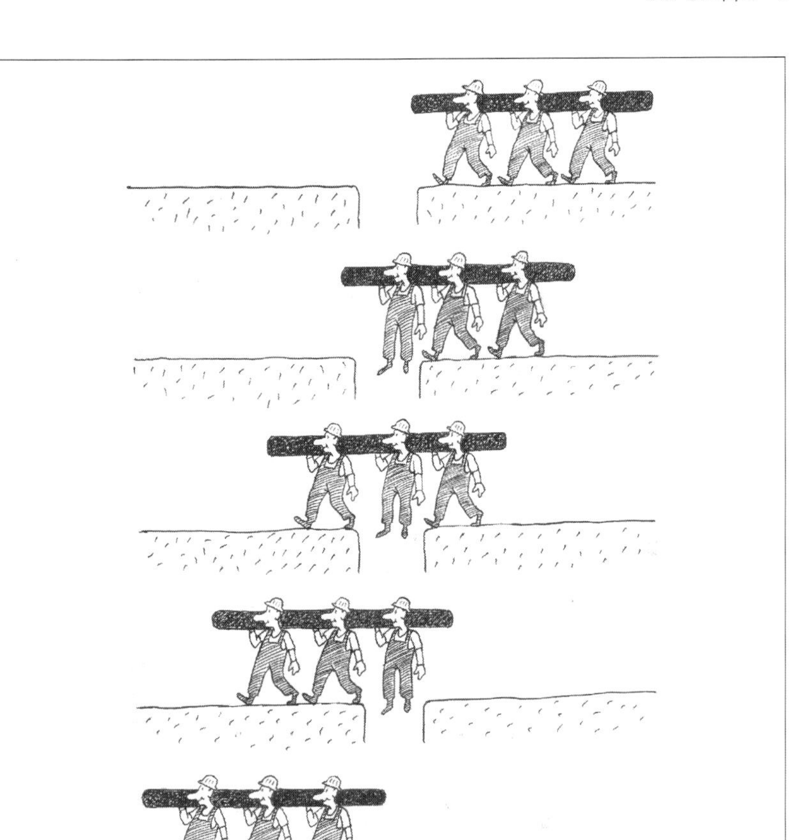

Abb. 24: Team – Together everybody achieves more: Alle tragen die Entscheidung mit.

9. In einer leistungsfähigen Gruppe drückt sich niemand um die Verantwortung für die gemeinsame Entscheidung. Alle tragen sie mit (Abb. 24). Alle wissen, dass nach außen nicht die Einzelleistung, sondern die Leistung der Gruppe als Ergebnis des Zusammenwirkens zählt.

   Was tue ich/tun wir konkret und akut für die Idee vom Unternehmen, das uns alle angeht und von allen zu verantworten ist?

Wann standen das letzte Mal alle Gruppenmitglieder hinter der gemeinsamen Entscheidung?

____

(Siehe auch Band 6 dieser Reihe, »Besprechungen zielorientiert führen«)

Prüfen Sie nun, wo Ihre persönlichen Stärken liegen.

Fragen Sie sich bitte aber auch, welche Punkte Sie vernachlässigen. Diskutieren Sie mit den Gruppen, in denen Sie arbeiten, über die gemeinsamen Stärken und Verbesserungsmöglichkeiten. Sollten Sie Verbesserungsmöglichkeiten bei sich und Ihrer Arbeitsgruppe herausgefunden haben, dann wählen Sie die drei wichtigsten aus.

Setzen Sie diese in den nächsten drei Monaten um.

Zitieren wir den Teilnehmer an einem Managementseminar: »Denn Lokomotion für sich ist Mist, wenn du zum Schluss alleine bist. Vielleicht träumst du sehr bald dann schon vom ›Gruppen-Klebstoff‹ Kohäsion.«

Der Zusammenhang zwischen Interaktion und Prozedur

	Prozedur zur Problemlösung unzureichend	Prozedur zielführend
Positive Interaktion	**Engagiertes Team arbeitet zeit-, energie-, kostenaufwändig**	**Produktive Problemlösung macht Freude**
Negative Interaktion	**»Nichts rührt sich«, Kampf**	**Verbissene Problemlösung**

Das linke obere Feld zeigt deutlich: Gute Laune alleine schießt nicht zwangsläufig Tore.

Zusammenfassend hier die Erfolgsfaktoren für effektive Teamarbeit aus der breit angelegten Google-Studie (2018):

1. **Psychologische Sicherheit**, das heißt: jeder im Team fühlt sich sicher, spürt keine Gefahr von Angriffen. Jeder darf alles sagen, jede

These in Frage stellen, eigene Thesen in den Raum stellen, ohne dafür mit negativen Konsequenzen rechnen zu müssen.

2. **Verlässlichkeit:** liefern alle Teammitglieder ihre zugesagten Arbeitsergebnisse in vereinbarter Qualität?
3. **Struktur und Klarheit:** Kennt jeder die gemeinsame Ziele, seine Rolle und den gemeinsamen Plan?
4. **Sinn:** Ist das, was das Team zu erarbeiten hat, für jedes Teammitglied von großer persönlicher Bedeutung?
5. **Wirkung:** Glauben alle daran, dass die Arbeit des Teams positive Auswirkungen haben wird?

5 Einige Führungsmodelle von praktischem Nutzen

5.1 Einführung

Motto: *Enge Führung ist Gift für Innovation – schlechte Führung ist ihr Tod.* (Thomas Sattelberger)

Forscher stellten fest, dass Führungsverhalten in der Praxis sehr stark variiert.

So beobachteten sie Führungskräfte, die sich im Wesentlichen darauf beschränkten, für ihre Mitarbeiter Aktivitäten zu strukturieren (z. B. Gestalten von Prozessen, Beschaffen von Fachinformationen, Kontrollen).

Andere konzentrierten sich darauf, die persönlichen Beziehungen zu ihren Mitarbeitern zu pflegen, ihnen ein Gefühl des persönlichen Kontaktes und der Geborgenheit zu vermitteln.

Dann wieder war der Führungsstil sowohl durch ziel- als auch durch beziehungsorientiertes Verhalten gekennzeichnet.

Wieder andere neigten zeitweise dazu, sich weder um Aufgaben noch um Beziehungen zu kümmern.

Viele dieser Manager waren jedoch auf Ihre Art effizient und erfolgreich.

Haupterkenntnisse:

Ein dominierender Führungsstil konnte nicht festgestellt werden.

Stattdessen wurden Stil-Kombinationen angewendet.

Ziel- und Beziehungsorientierung (Lokomotion und Kohäsion) sind keine Entweder-oder-Führungsstile.

Die Effizienz des Führungsstils wird von der Situation beeinflusst, in welcher der Stil eingesetzt wird und von der Qualität (dem Reifegrad) der Mitarbeiter (siehe Abschnitt 5.5).

Daraus ergibt sich:

Erfolgreiche Führungskräfte passen ihr Führungsverhalten so an, dass es den Anforderungen einer bestimmten Situation und ihren Mitarbeitern gerecht wird.

Durch gesellschaftliche, soziale, kulturelle und Umwelt-Änderungen kann eine Situation geschaffen werden, in der ein Führungsstil erfolgreicher ist – einfach deswegen, weil es mehr Situationen gibt, die diesen Stil erfordern und Mitarbeiter, die ihn einfordern.

Eine wesentliche Voraussetzung effizienter Führung ist somit Situationsgespür.

Die Methode der reifegradspezifisch-situativen Führung beruht also auf dem Zusammenspiel

- von zielorientiertem Führungsverhalten und
- von beziehungsorientiertem Führungsverhalten
- in einer konkreten Situation.

Die Situation wird beeinflusst durch

- den »Reifegrad« der Mitarbeiter/der Gruppe (kann von Projekt zu Projekt unterschiedlich sein),
- die jeweilige Zielsetzung,
- die organisatorische Struktur,
- die gesellschaftliche Umwelt.

Sowohl ziel- als auch beziehungsmotivierte Führer können gleichermaßen effizient durch ihr Führungsverhalten sein – in einer Situation, welche diesem Stil entspricht.

Auch dies kann man sagen:

Beziehungs- und zielmotivierte Chefs können bei ihren Mitarbeitern gleichermaßen anerkannt sein.

Beurteilen Sie nun bitte mithilfe der folgenden Modelle (Abschnitt 5.2 bis 5.7) die Situation, in der Sie Ihre Mitarbeiter führen.

Danach wissen Sie, ob Ihr Führungsstil Ihrer momentanen Situation angemessen ist.

Passen Situation und Führungsstil nicht zusammen, fragen Sie sich:

- Will ich meinen Stil ändern?
- Kann ich die Situation ändern?
- Will ich an beidem arbeiten?

Anmerkung zu den folgenden Führungsmodellen:

Diese zählen zu den viel verwendeten »Klassikern«. Deshalb wurden sie ausgewählt. Die entscheidende Frage bei ihrer Auswahl war:

Helfen diese Methoden Führungskräften in konkreten betrieblichen Situationen?

5.2 Das Verhaltensgitter von Blake/Mouton

Motto: *Wir müssen uns fragen: Was wollen die Besten?* (Gerhard Rübling, ehem. Arbeitsdirektor der Trumpf AG)

Eine Brücke zwischen den Führungsmodellen, die eine ideal-typische Führungsform suchten und der reifegradspezifisch-situativen Führung stellte das Verhaltensgitter (Managerial Grid) dar (Blake, R. R./Mouton, J. S.).

Darin wird bereits überlegt:

In welcher Weise kann kooperatives Verhalten wirksam eingesetzt werden?

Das Verhaltensgitter ist ein praktisches Instrument, mit dem Sie Führungsverhalten analysieren können.

Es zeigt die beiden Basis-Verhaltensweisen Ziel- und Mitarbeiterorientierung in einem Koordinatensystem (Abbildung 25).

Die Aufmerksamkeit des Chefs kann sich mit unterschiedlich starker Ausprägung richten auf

- die technisch-ökonomischen Belange (9.1),
- die individuellen Belange des Mitarbeiters (1.9),
- keine der beiden Belange (1.1),
- beide gemeinsam (9.9).

Die Konfiguration 9.9 stellt den idealen Führungsstil dar. Man spricht hier auch von »human resources management«. Joachim Löw: »Man sollte klare Ziele formulieren und diese konsequent durchsetzen. Aber ... die Menschlichkeit nicht vergessen.«

Nachteil dieses Modells:

Der ideale Führungsstil 9.9 ist ein Kunstprodukt.

Das Hauptaugenmerk konzentriert sich zu sehr auf die Extremkombinationen.

Trotzdem eignet sich das Verhaltensgitter gut zur Diagnose Ihres eigenen Führungsverhaltens und des Verhaltens Ihrer Mitarbeiter.

Es ist eine Vorstufe zur reifegradspezifisch-situativen Führung, bei der nach der Analyse der konkreten Situation der jeweils beste Führungsstil gewählt wird.

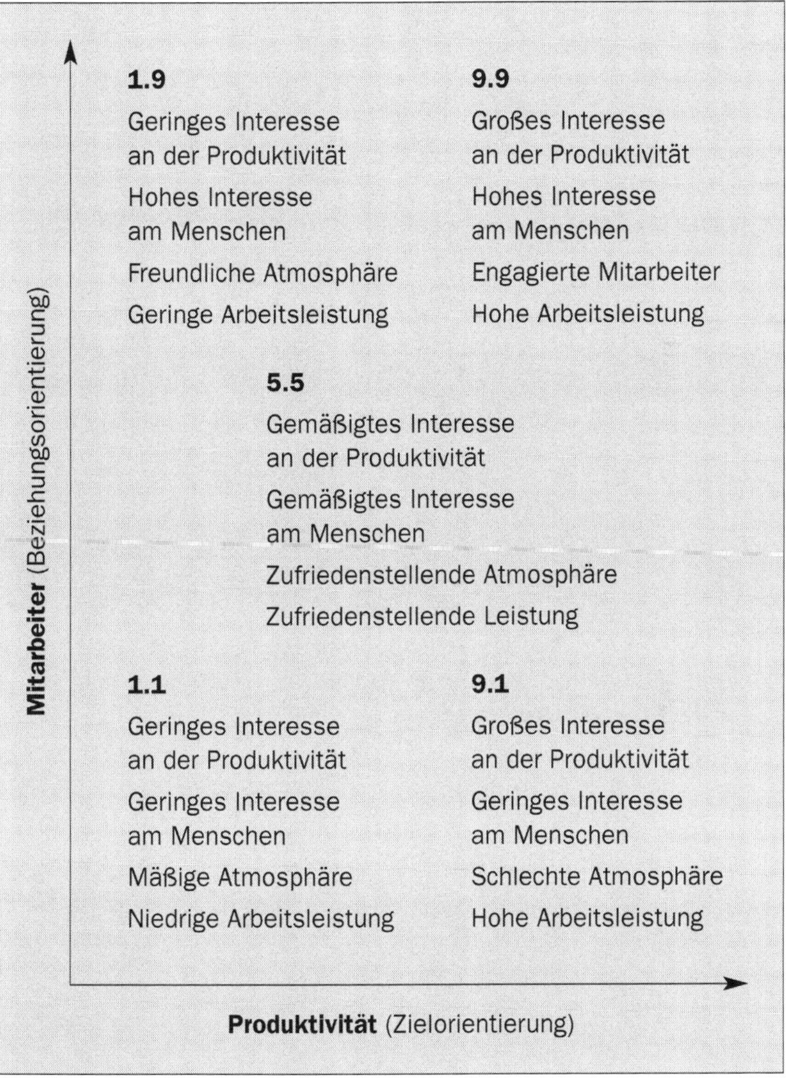

Abb. 25: Das Verhaltensgitter (nach Blake/Mouton)

5.3 Das 3-D-Modell von Reddin

»Die Analysten versorgte er mit Zahlen, die Investoren mit Vertrauen, die Mitarbeiter mit Hoffnung« (SZ über Joe Kaeser, Siemens)

Das von W. J. Reddin entwickelte »3-D-Modell zur Leistungssteigerung des Managements« löst sich vom Dogma eines einzigen idealen Stils. So hatte es noch das Verhaltensgitter postuliert.

Das 3-D-Modell geht zunächst ebenfalls von den beiden Grunddimensionen der Führung aus: Zielorientierung und Beziehungsorientierung.

Daraus ergeben sich vier Grundstile: (siehe Abb. 26) Integrationsstil, Beziehungsstil, Verfahrensstil, zielorientierter Stil.

Diese vier Grundstile werden in der Praxis effizient, mitunter aber auch weniger effizient eingesetzt.

Die vier effizienten Stile: Integrierer, Förderer, Verwalter, Macher. (Jeder dieser vier Stile ist aus einem der Grundstile abgeleitet.)

»Effizienz ohne Befehl« ist das Motto der effizienten Führungsstile.

Die vier nicht-effizienten Stile: Kompromissler, Gefälligkeitsapostel, Bürokrat, Autokrat.

Die entscheidende Fortentwicklung stellt die dritte Dimension dar: die Effektivität einer Führungskraft.

Effektivität bedeutet: Das Ausmaß, in dem eine Führungskraft die vereinbarten Ergebnisse erbringt.

Die Führungskraft ist nicht effektiv, wenn sie

- nur effektiv erscheint (»bienenfleißig und kein Honig«, E. Roth),
- nur persönliche Ziele erreichen will.

Dabei sind die Ergebnisse (output), die ein Manager vorweisen kann, wichtiger als das, was und wie er es tut (Arbeitsweise, Prozesse, input).

Effektivität ist also nicht nur eine persönliche Eigenschaft oder Fähigkeit, die jemand hat oder nicht hat. Sie ergibt sich vielmehr aus dem richtigen Erfassen einer spezifischen Führungssituation und deren gezielter Beeinflussung.

Daher muss jede Situation zuerst beurteilt werden.

Wichtig: Nicht jede Führungssituation kann mit den gleichen Mitteln gemeistert werden!

Eine wichtige Säule des 3-D-Modells stellt Training und Coaching dar: Dort wird gelernt und geübt, Situationen besser zu verstehen und zu bewältigen.

Weil es keinen einzigen Idealstil für alle Situationen gibt, ist eine Führungskraft schlecht beraten, sich eine bestimmte Verhaltensweise zurechtzulegen, von der sie dann kaum mehr abgeht – nur weil sie damit positive Erfahrungen gemacht hat.

»Förderer«

»Danke Trainer, dass du mich dazu gezwungen hast.« (Marcel Nguyen, Olympia-Silbermedaille Turnen)

»Die Schlüssel für die Anwendung von Grundsätzen heißen Ausbildung und Erfahrung.« (F. Malik)

»Integrierer«

René Obermann beim Telekom-Chefwechsel: »Mein Kollege Höttges und ich haben bisher eng zusammengearbeitet, die Strategie gemeinsam entwickelt und umgesetzt.«

Pischetsrieder: »Wir haben durch bessere Integration und Kommunikation mit unseren Mitarbeitern noch eine ganze Menge Möglichkeiten.«

»Macher«

»Management bedeutet Aktion, es heißt Tun, es heißt Vollbringen.« (F. Malik)

»Gegen Betrug am Gemeinwesen helfen nur klare Ansagen und entschlossenes Handeln.« (N. Walter-Borjans)

»Bürokrat«

»Vorsicht vor Management-Technokraten ohne Individualismus, Ethik, Eigenverantwortung.« (L. von Rosenstiel) Bürokraten sind die, die lieber verlieren, indem sie herkömmliche Methoden anwenden, als durch innovative zu gewinnen. »Die Europäer diskutieren jede Kleinigkeit wochenlang, während sich die Krise weiterdreht.« (US-Diplomat)

»Lavierer«

Kurt Kister über einen bayerischen Politiker:

»Es macht dabei nichts, dass man nicht weiß, was er will, solange genug Menschen den Eindruck haben, er wolle, was sie wollen.«

Sigmar Gabriel: »Die Menschen erwarten mehr Führung, als wir ihnen bieten.«

»Gefälligkeitsapostel«

»Führt er eine Mehrheit von 232 Leuten im Repräsentantenhaus? Oder wird er von dieser Mehrheit geführt? Die Tea-Party lief Amok. Also ließ Joe Boehner sie laufen.« (SZ)

Konfliktäre Themen vermeiden, sich physisch oder seelisch zurückziehen, sich indirekt äußern, ausweichen: Solches Verhalten zeigt sich auch, wenn deutsche Chefs zu wenig mit ihren Mitarbeitern sprechen. In nur 31 % der deutschen Firmen setzen sich Führungskräfte und Mitarbeiter mindestens ein Mal im Jahr für ein Gespräch über Ziel und Leistung an einen Tisch. In Dänemark gibt es in 62 % regelmäßige Treffen.

Ist es persönliche Unsicherheit, die Chefs vor ihren Mitarbeitern abtauchen lässt?

Jeder Grundstil kann effizient oder weniger effizient sein, je nach den spezifischen Anforderungen, die eine Situation an den Manager stellt.

Situationsangepasstes Verhalten zwischen zwei positiven Polen:

Stiltreue ◄———► Stilflexibilität

Nicht situationsangepasstes Verhalten bewegt sich zwischen den zwei negativen Polen:

Stilstarrheit ◄———► Stildrift

Stiltreue: Ein Manager hält an einem bestimmten Stil fest, weil er herausgefunden hat, dass damit seine Wirksamkeit erhöht wird.

Stilflexibilität: Ein Manager passt seinen Stil effizient den Anforderungen der Situation an. (Heißt nicht: »Was beliebt, ist auch erlaubt.«)

Stilstarrheit: Festhalten an einem bisherigen Stil fest (eventuell an dem einzigen, der beherrscht wird), obwohl die Situation inzwischen von ihm ein anderes Verhalten verlangt.

Stildrift: Ein Manager ändert seinen Stil, obwohl es nicht erforderlich ist oder weil er die Situation falsch einschätzt.

Die Stilbandbreite eines Managers stellt die Fähigkeit dar, Führungsverhalten zu ändern. Ein Manager mit geringer Stilbandbreite in einer Organisation, die hohe Flexibilität erfordert, wird sicher versagen.

Eine große Stilbandbreite zwischen den positiven Polen »Stiltreue« und »Stilflexibilität« ist daher wünschenswert: Sie befähigt mit verschiedenen Situationen professionell umzugehen und damit besser zu führen.

Die drei Dimensionen der Führung:
Ziel- und Beziehungsorientierung sowie Effektivität

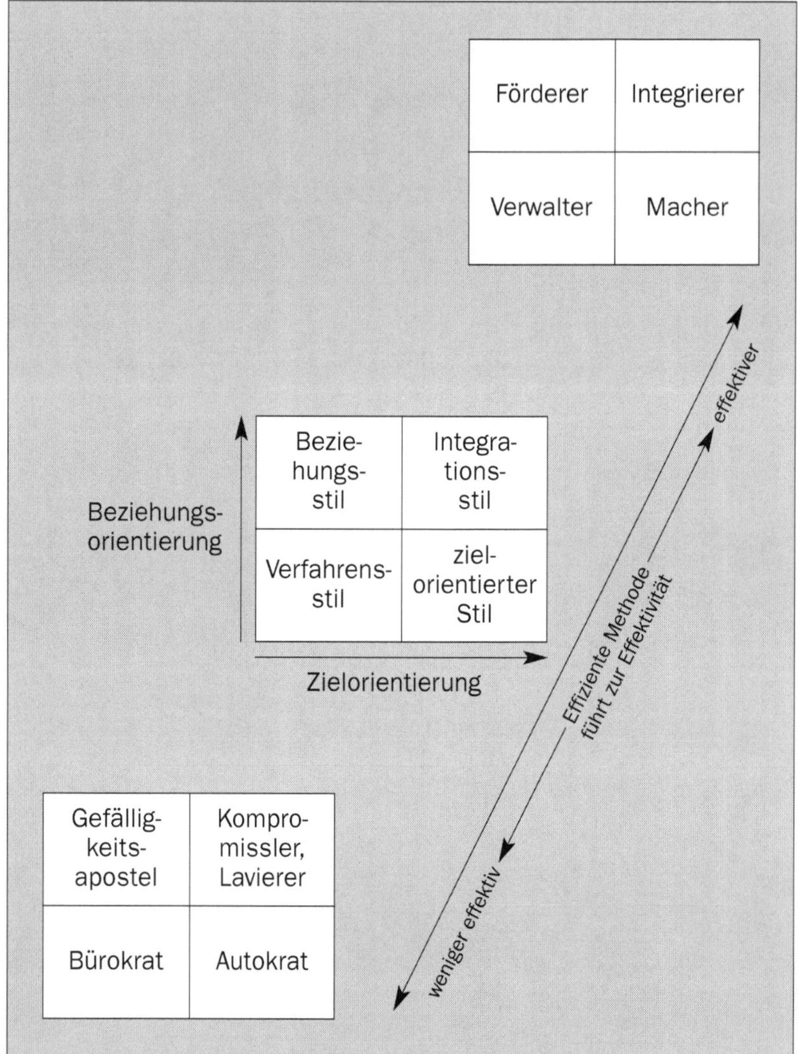

Abb. 26: Die drei Dimensionen des Führungsverhaltens (3-D-Modell) nach Reddin, W. J.

Welcher Führungsstil ist bei welchen Anforderungen effizient?

mitarbeiter-orientiert führen	integrativ führen
Die Arbeit der Mitarbeiter	
• erfordert hohe Geschicklichkeit und Urteilskraft • erfordert viel Engagement • stellt Mitarbeitern Wahl des Verfahrens frei • ermöglicht eine lange Kontrollzeitspanne • erfordert schöpferische Leistungen	• erfordert ständiges Zusammenwirken • steht in Abhängigkeit von Kollegen • erfordert häufiges Einschalten des Chefs • bietet viele richtige Lösungsmöglichkeiten • erlaubt Eigenentscheidung des Mitarbeiters über sein Arbeitstempo
verfahrens-orientiert führen	**ziel-orientiert führen**
Die Arbeit der Mitarbeiter	
• erfordert vorwiegend Denkarbeit • ist in sich interessant • erlaubt Eigen-entscheidung bei Zielvereinbarung • läuft nach vorgegebenen Regeln ab (Systemkontrolle)	• erfordert körperliche Anstrengung • setzt Wissensvorsprung des Chefs voraus • ist vielen unvorhersehbaren Zwischenfällen ausgesetzt • bedarf laufender Direktiven und Kontrollen • ist leicht mess- und korrigierbar

Abb. 27: Welcher Führungsstil ist bei welchen Anforderungen an die Mitarbeiter besonders effizient?

Abb. 28: Stildrift: »Ich habe entschieden: Ja, nein, oder!« Stilflexibilität dagegen: Die effiziente Anpassung des Führungsstils an die Anforderungen einer Situation erzeugt Effektivität.

Mangelnde Stilbandbreite verursacht Leistungsabfall:

Manche der zunächst erfolgreichen »Macher« des Wiederaufbaus der Bundesrepublik scheiterten daran: Es gelang ihnen nicht, die zunehmend geforderte Rolle des »Integrierers«, »Förderers« und »Prozess-Gestalters« (Verfahrensstil) wahrzunehmen.

Heute dagegen leiden wir in vielen Organisationen unter einer Überzahl von Prozess-Gestaltern und einem Defizit an fördernden und integrierenden Innovatoren sowie Machern.

Der ideale Fall ist gegeben, wenn ein Chef so flexibel führt, dass die Anforderungen einer Situation stets durch den jeweils effizienten Führungsstil abgedeckt werden: »Wer 14.000 Vollzeitstellen abbaut, muss sich persönlich an den Anstrengungen beteiligen. Bis 2019 verzichte ich daher auf einen Bonus in bar und Teile meines Fix-Gehalts ... Ich tue das, weil ich an den Erfolg unseres Plans glaube«. (Unicredit-Chef Mustier)

Je mehr positive Stilvarianten ein Manager beherrscht und je besser er imstande ist, diese Varianten situationsgerecht anzuwenden,

- desto besser werden auch seine Ergebnisse sein,
- desto besser wird er die vereinbarten Ziele erreichen,
- desto stärker wird die Kohäsion in seinem Team sein.

Effizientes Situationsmanagement

setzt die Messbarkeit der Ergebnisse voraus. Das 3-D-Konzept ist daher eng mit zielorientierter Unternehmensführung verbunden (Management by Objectives). (Vergleichen Sie hierzu insbesondere die Bände »Motivierend Führen mit Zielen – Objektives and Key results« und »Arbeitsmethodik«.)

Reddin unterscheidet daher den ziel-orientierten und den aufgaben-orientierten:

Der ziel-orientierte Manager

• tut die richtigen Dinge	anstatt	nur die Dinge richtig zu tun.
• schafft kreative Alternativen	anstatt	nur Mängel zu beseitigen.
• erzielt Ergebnisse	anstatt	nur Vorschriften zu befolgen.
• erhöht den Gewinn	anstatt	nur Kosten zu reduzieren.
• optimiert die Mittelnutzung	anstatt	Mittel nur zu bewahren.

Um eine Führungssituation meistern zu können, ist es erforderlich, die einzelnen Situationselemente (Abb. 29) zu analysieren.

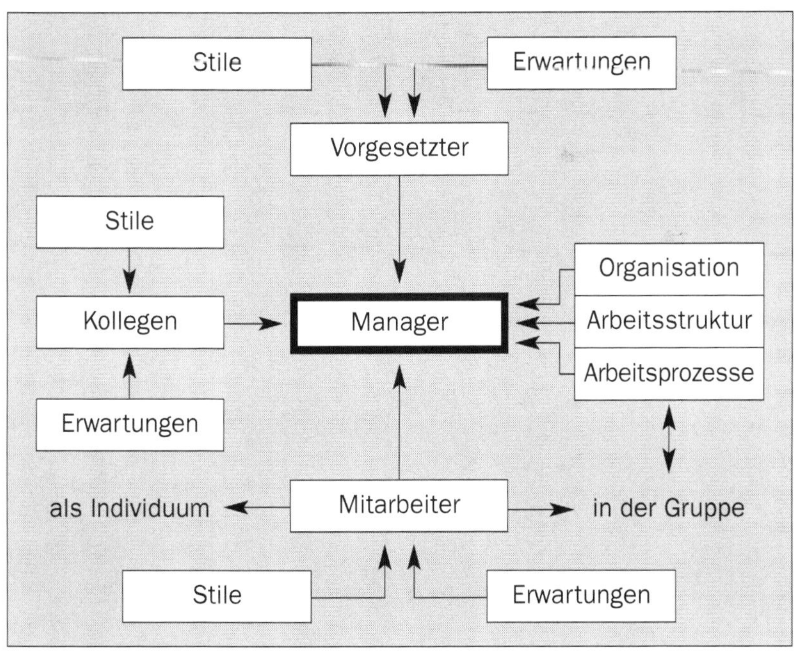

Abb. 29: Situationselemente (nach Reddin)

Der Manager

- erkennt diese Situationselemente,
- agiert ihnen entsprechend,
- beeinflusst sie.

Der ziel- und effizienzorientierte Manager braucht

- Situationsgespür, um eine Situationsdiagnose erstellen zu können,
- Stilflexibilität, um einen situationsangemessenen Stil zu praktizieren,
- Fähigkeit zum Situationsmanagement, um eine Situation zu ändern. Motto: *Versuchen Sie nicht, in einer pathologischen Situation erfolgreich zu sein!* Das heißt: Auf Situationen nicht nur reagieren, sondern sie pro-aktiv beeinflussen, ohne dass Widerstand gegen die Veränderung aufkommt.

Reddin hat zu seinem 3-D-Modell ein umfassendes Diagnose-Instrumentarium entwickelt.

5.4 Das Modell von Fiedler

Welcher Führungsstil ist in welcher Situation effizient?

Fiedler definiert drei Führungssituationen:

1. Situationen, die dem Manager große Einflusschancen ermöglichen.
2. Situationen, die dem Manager mittlere Einflusschancen ermöglichen.
3. Situationen, die dem Manager geringe Einflusschancen ermöglichen.

Diese 3 Führungssituationen erfordern entweder einen mehr aufgabenmotivierten oder einen mehr beziehungsorientierten Führungsstil.

1. Situation mit großen Einflusschancen	
Führungsstil:	Verhalten und Leistung des Managers:
Beziehungsmotiviert ➤ = in dieser Situation ineffizientes Führungsverhalten	Sucht Zustimmung seines Chefs. Reorganisiert die Arbeit. Wird rücksichtsloser, strafend. Betont mehr die Arbeit. Schlechte Leistung.
Aufgabenmotiviert ➤ = in dieser Situation effizientes Führungsverhalten!	Entspannt. Mischt sich nicht ein, solange die Arbeit getan wird. Entwickelt angenehme Beziehungen zu den Mitarbeitern. Gute Leistung.

2. Situation mit mittleren Einflusschancen	
Führungsstil:	Verhalten und Leistung des Managers:
Beziehungsmotiviert ➤ = in dieser Situation effizientes Führungsverhalten!	Konzentriert sich auf die Gruppe. Reduziert Konflikte, Spannungen. Geduldig. Gut in kreativen Gruppen. Findet diese Situation herausfordernd und interessant. Arbeitet effizient. Gute Leistung.
Aufgabenmotiviert ➤ = in dieser Situation ineffizientes Führungsverhalten!	Manager ist von der Aufgabe absorbiert. Tendiert dazu, zu vorsichtig und wenig effizient zu sein. Richtet keine Aufmerksamkeit auf die Gruppenbeziehungen. Gruppenkonflikte werden nicht bewältigt. Schlechte Leistung.

3. Situation mit geringen Einflusschancen	
Führungsstil:	Verhalten und Leistung des Managers:
Beziehungsmotiviert → = in dieser Situation ineffizientes Führungsverhalten!	Wird vom Erhalten der Gruppe absorbiert. Unterstützung der Gruppe geht oft zulasten der Aufgabe. Bei extremem Stress Rückzug von der Führerrolle. Schlechte Leistung.
Aufgabenmotiviert → = in dieser Situation effizientes Führungsverhalten!	Engagiert sich bei herausfordernder Aufgabe. Organisiert und treibt Gruppe zur Zielerreichung an. Starke Kontrolle, straffe Disziplin. Gruppe respektiert Führer, weil Ziel in schwieriger Situation erreicht wird. Relativ gute Leistung.

Der **beziehungsmotivierte Führer** neigt stark dazu, mehr das Klima und die Beziehungen zu pflegen. Manchmal so weit, dass die Aufgabe darunter leidet.

In Situationen mit mittleren Einflusschancen können diese Menschen aber ihr Verhalten total ändern. Sie wirken dann mehr aufgabenmotiviert. Damit verhalten sie sich der Situation angemessen.

Der **aufgabenmotivierte Führer** legt hauptsächlich Wert auf die Leistung. Er ist sehr diszipliniert und arbeitet am besten nach Richtlinien und speziellen Anweisungen. Fehlen diese, so ist sein oberstes Anliegen, Richtlinien zu erarbeiten und den Mitarbeitern die verschiedenen Aufgaben zuzuteilen.

Unter entspannten und gut kontrollierten Bedingungen verwenden aufgabenmotivierte Führungskräfte zunehmend Zeit für das Betriebsklima und sind damit effizient.

Knapp zusammengefasst:

- Aufgabenmotivierte Führer vollbringen die beste Leistung in Situationen mit großen und niedrigen Einflusschancen.
- Beziehungsmotivierte Führer vollbringen die beste Leistung in Situationen mit mittleren Einflusschancen.

Drei Kriterien bestimmen Ihre Einflusschancen auf die Situation:

1. Die Führer-Mitarbeiter-Beziehungen
   sind die Art und Weise, wie die Arbeitsgruppe, der einzelne Mitarbeiter und die Führungskraft miteinander klarkommen.
2. Die Strukturiertheit der Aufgabe
   ist das Ausmaß, wie klar die Ziele, Richtlinien und Leistungsstandards definiert und bekannt sind.

   Bei einer hochstrukturierten Aufgabe
   - ist das Ziel klar,
   - gibt es einen Weg zum Ziel,
   - ist nur eine Lösung richtig,
   - ist der Nachweis möglich, dass eine Entscheidung richtig ist.
3. Die Autorität kraft Position
   - ist die einem Führer verliehene Autorität, Mitarbeiter einzustellen und zu entlassen.
   - ist die Möglichkeit, disziplinarische Maßnahmen zu ergreifen.
   - ist die Möglichkeit zur Ausübung positiver und negativer Sanktionen (formelle Macht).

Zur Gewichtung der drei Kriterien:

- **Die Führer-Mitarbeiter-Beziehungen sind etwa doppelt so wichtig wie die Strukturiertheit der Aufgabe.**

  Daher ist eine gute Kooperation mit Ihren Mitarbeitern essenziell für Ihren Führungserfolg.
- Die Strukturiertheit der Aufgabe ist wiederum doppelt so wichtig wie die Autorität kraft Position.

Wie schätzen Sie ein?

1. Ihre Führer-Mitarbeiter-Beziehungen:

   ____

   ____

   ____

2. Die Strukturiertheit der Aufgabe Ihrer Einheit:

   Ist das Ziel klar? ______________________________

   Ist der Weg zum Ziel beschrieben? ______________________________

   Gibt es die richtige Lösung? ______________________________

3. Ihre Autorität kraft Position:

   Kann ich Mitarbeiter einstellen und entlassen? ______________________________

   Kann ich disziplinarische Maßnahmen ergreifen? ______________________________

   Welche positive oder negative Sanktionen übe ich aus? ______________________________

Sollten Sie zu der Auffassung gelangen, dass Ihr Führungsstil nicht zu der Situation passt, in der Sie arbeiten?

Ändern Sie entweder Ihren Stil oder – was häufig einfacher ist – ändern Sie Ihren Einfluss auf die Situation:

Regulieren Sie

- die Führer-Mitarbeiter-Beziehungen,
- die Strukturiertheit der Aufgabe sowie
- die Positionsmacht.

So verändern Sie Ihre situativen Einflusschancen, damit diese Ihrem Führungsstil besser entsprechen.

Beides ist nicht erfolgreich? Dann finden Sie eine Situation, zu der Ihr Führungsverhalten »passt«.

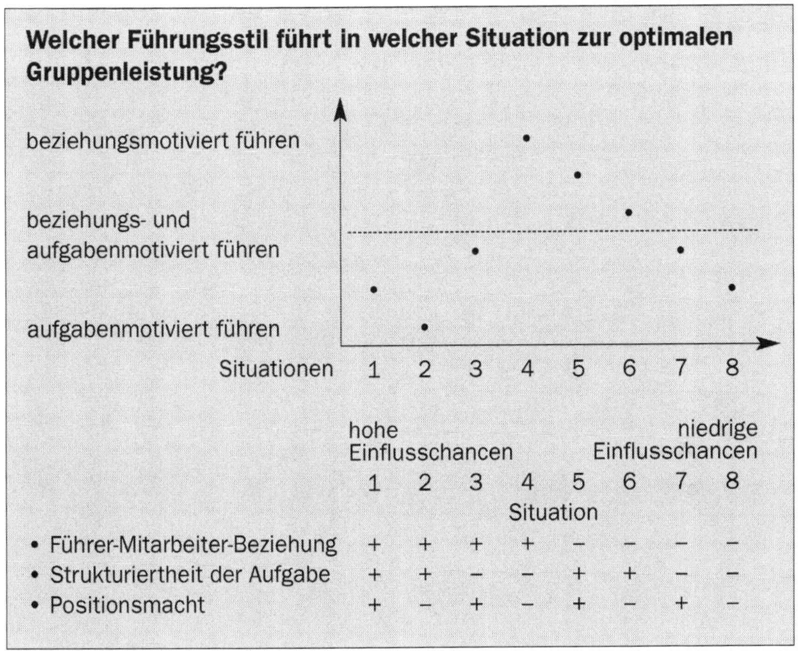

Abb. 30: Das Modell von Fiedler

Wie nutzen Sie diese Methodik für Ihre Praxis?

Zwei Beispiele:

Situation 1

(Bitte stellen Sie sich eine solche Situation in Ihrem Unternehmen vor)

Führer-Mitarbeiter-Beziehungen = günstig (gute Beziehungen)
Strukturiertheit der Aufgabe = günstig (Aufgabe ist strukturiert)
Positionsmacht = günstig (ist vorhanden)

Empfohlener Führungsstil: mehr aufgabenorientiert.

Warum?

Ihre Führungssituation ist günstig.

Vor allem stimmt der wichtigste Faktor – die zwischenmenschlichen Beziehungen. Sie können es sich daher leisten, aufgabenmotiviert zu führen.

Situation 4 (siehe Abbildung 30)

(Bitte stellen Sie sich diese Situation konkret vor)

Führer-Mitarbeiter-Beziehungen = günstig
Strukturiertheit der Aufgabe = ungünstig
Positionsmacht = ungünstig (ist nicht vorhanden)

Empfohlener Führungsstil: stark beziehungsmotiviert.

Warum?

Die zwischenmenschlichen Beziehungen sind intakt.

Die Einflusschancen sind mäßig.

Und so lange diese nicht verbessert werden können, führt der Führer am besten mit einem beziehungsmotivierten Stil.

So kann er über den Goodwlll seiner Gruppe einiges erreichen.

Führt er betont aufgabenmotiviert, gefährdet er die intakten Beziehungen.

Prüfen Sie bitte, ob die Empfehlungen für die anderen Situationen Ihren Erfahrungen entsprechen.

Am besten gehen Sie so vor:

Schritt 1: Bestimmen Sie, ob und wie gut Sie beeinflussen können

- die Führer-Mitarbeiter-Beziehungen,
- die Strukturiertheit der Aufgabe,
- die Positionsmacht.

Schritt 2: Fragen Sie sich »Wie würde ich in einer solchen Situation führen?«

Schritt 3: Vergleichen Sie Ihre Entscheidung mit den Lösungen (durch Punkte markiert) in Abbildung 30. Fragen Sie sich, warum eventuell Abweichungen auftreten.

5.5 Das Reifegrad-Modell von Hersey/Blanchard

Motto: *Führen ist die Kunst, den Schlüssel zu finden, der die Schatztruhe des Mitarbeiters aufschließt.* (Anselm Grün)

Den großen Theoretikern und Praktikern modernen Managements, wie Peter F. Drucker, McGregor, Abraham Maslow, Frederik Herzberg, Blake und Mouton, Reddin oder Eric Berne sind zwei weitere hinzuzufügen: Hersey und Blanchard. Sie haben ein Modell entwickelt, das auf den Erkenntnissen der Führungsforschung der vergangenen Jahrzehnte beruht. Es bietet dem Manager für unterschiedliche Führungssituationen Hilfe an.

Das Hersey/Blanchard-Modell ist, wie schon viele vorher, nicht das »Non plus ultra« und sicher auch nicht das letzte Modell zum Thema »Führen«. Aber es ist praktisch hilfreich. Daher werden im Folgenden die Vor- und Nachteile aufgezeigt.

Stellen Sie sich vor, Sie kümmern sich nur darum, dass sich Ihre Mitarbeiter wohlfühlen. Was passiert? Alle sind nette Kumpels, aber gearbeitet wird nicht mehr so recht.

Kümmern Sie sich dagegen nur noch darum, dass Ergebnisse erreicht werden, dann ist die Atmosphäre dahin.

In Abbildung 31 sehen Sie eine Achse für zielbezogenes Verhalten und eine weitere Achse für mitarbeiterbezogenes Verhalten. Zielbezogenheit gibt dabei an, wie sehr der Manager bestimmt, was der Mitarbeiter zu tun hat. **Stark zielbezogen führt der Manager dann, wenn er vorgibt, wozu, was, wie der Mitarbeiter etwas zu tun hat.**

Wenig zielbezogen führt der Manager dann, wenn er bewusst delegiert. Der Mitarbeiter führt sich selbst zum Ziel und kontrolliert sich selbst. Der Chef kontrolliert über die Ergebnisse.

Stark mitarbeiterbezogenes Verhalten heißt: viele Gespräche, viel Anerkennung, Coaching und Hilfestellung.

Aus der Verbindung von zielbezogenem und mitarbeiterbezogenem Verhalten ergeben sich nun vier unterschiedliche Führungsstile:

- S 1: Informieren, unterweisen, strukturieren
- S 2: Überzeugen
- S 3: Partizipieren lassen
- S 4: Delegieren von Ziel, Verantwortung, Kompetenz

Das Reifegrad-Modell

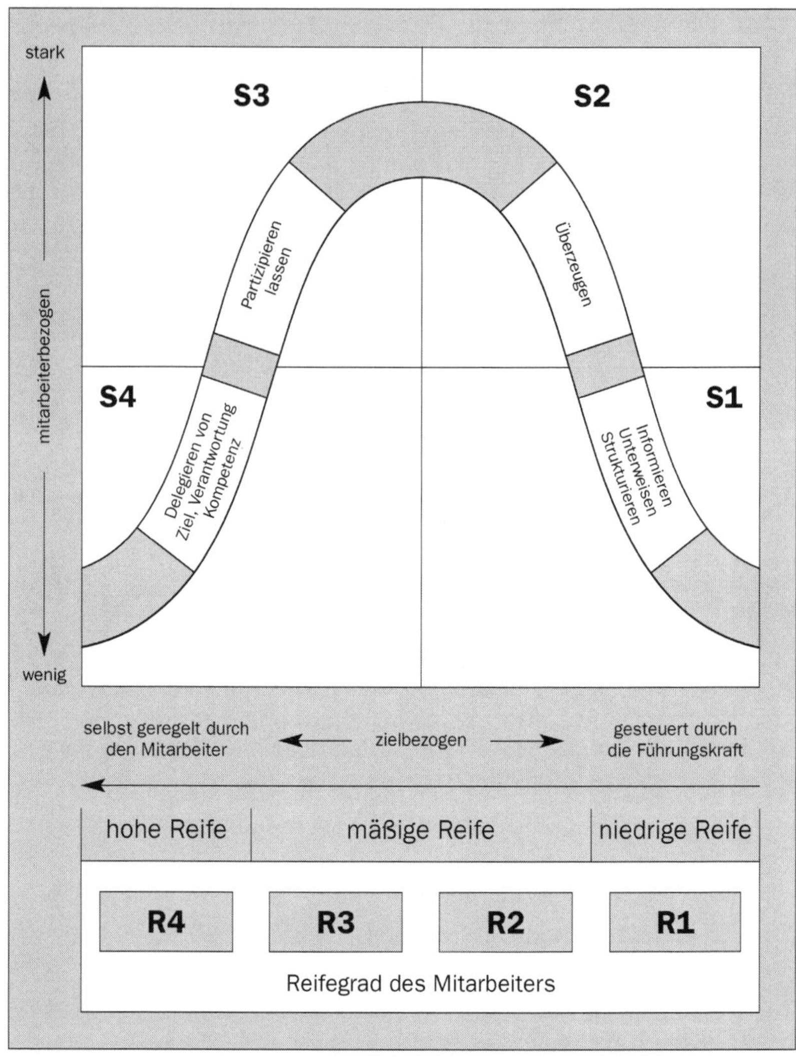

Abb. 31: Das Reifegrad-Modell (nach Hersey/Blanchard)

Die Kurve durch das Quadrat zeigt an, welcher Stil in welcher Situation angemessen ist. Welchen Führungsstil eine Führungskraft anwendet, ist vom Reifegrad (»Maturity«/«Entwicklungsstand«) des Mitarbeiters abhängig. Man spricht daher auch vom »Reifegrad-Modell«.

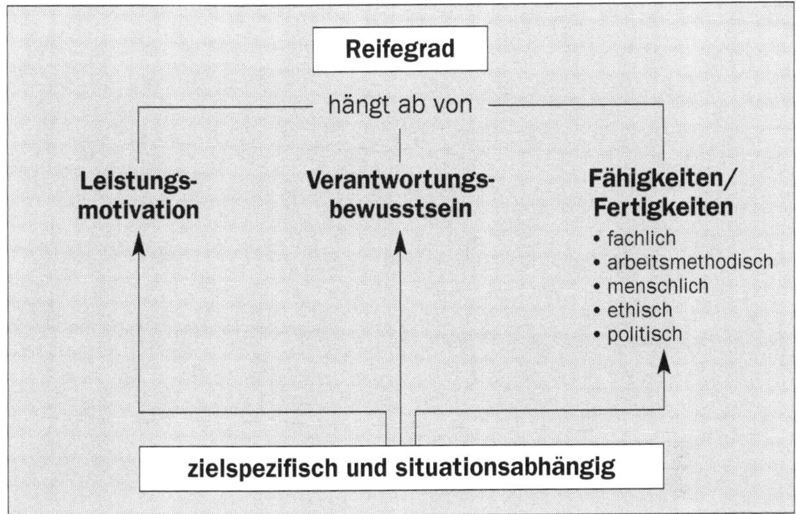

Der Entwicklungsstand eines Mitarbeiters kann nur auf ein klar abgegrenztes Ziel hin definiert sein. Kein Mensch kann in einem umfassenden Sinne als reif oder unreif bezeichnet werden: Ein Assistent kann hervorragend Besprechungen vorbereiten, hat hier also einen hohen Entwicklungsstand. Tut er sich aber schwer, die Reisen des Chefs gezielt vorzubereiten, hat er hier einen niedrigen Entwicklungsstand.

Definition der Reifegrade und der adäquaten Führungsstile

Reifegrad				**Führungsstil**
niedrige Reife	= nicht fähig	und nicht motiviert	→	informieren, anweisen, Fremd- und Ablaufkontrolle
niedrige bis mäßige Reife	= mäßig fähig	und wenig motiviert	→	trainieren, überzeugen
eher hohe Reife	= fähig	und motiviert	→	teilnehmen und mitgestalten lassen an Entscheidungen
hohe Reife	= fähig	und stark motiviert	→	delegieren, Selbst- und Ergebniskontrolle

Abb. 32: Definition der Reifegrade (nach Hersey/Blanchard, a. a. O., S. 33)

Ist der Mitarbeiter weder fähig noch motiviert (R 1), dann ist es am sinnvollsten, durch klare Anweisungen, gezielte Information und Unterweisung eine sichere Basis zu schaffen, auf der er aufbauen kann. Das Führungsverhalten ist primär zielorientiert (S 1).

Vereinbaren individueller Ziele nach Reifegrad
Reifegrad 1: • Ziel/Ergebnis vorgeben • Hilfe durch Unterweisung. Ablauf- und Fremdkontrolle
Reifegrad 2: • Ziel/Ergebnis vorschlagen • Mitarbeiter davon überzeugen • Intensive Hilfe geben
Reifegrad 3: • Mitarbeiter an Zielfindung und Entscheidungen beteiligen • Mögliche Wege/Methoden mit ihm besprechen
Reifegrad 4: • Ziel/Ergebnis vereinbaren • Weg/Methode/Selbstkontrolle dem Mitarbeiter überlassen

Ist der Mitarbeiter besser ausgebildet worden, aber noch wenig motiviert (R 2), informiert der Manager zwar immer noch. Zusätzlich überzeugt er durch motivierende Gespräche den Mitarbeiter. Das Führungsverhalten ist sowohl ziel- als auch mitarbeiterorientiert (S 2).

Ist der Mitarbeiter weitgehend fähig und motiviert (R 3), kann die Führungskraft sich mit Anweisungen und zusätzlichen Informationen zurückhalten. In diesem Falle lässt sie den Mitarbeiter mehr an Entscheidungen teilnehmen. Gespräche mit Kunden lässt sie selbstständig, aber mit anschließendem Coaching durchführen. Das Führungsverhalten ist nun primär mitarbeiterorientiert (S 3).

Wenn schließlich der Mitarbeiter sowohl fähig als auch stark motiviert ist (R 4), muss die Führungskraft nur noch die Aufgabe/das Ziel sowie die damit verbundene Kompetenz und Verantwortung delegieren. Sie muss sich weder zielbezogen noch mitarbeiterbezogen stark engagieren (S 4). Der Mitarbeiter agiert autonom. Der Manager sagt solchen

Mitarbeitern: »Ihr könnt von mir so viel Kompetenz und Verantwortung bekommen, wie ihr tragen könnt und wollt.«

Da die Führungskraft den Mitarbeiter auf einen hohen Entwicklungsstand geführt und eine Vertrauensbasis geschaffen hat, kann bei S 4 nicht von laisser-aller gesprochen werden. Der Mitarbeiter führt sich selbst zum Ziel.

S 4 bei R 4 Mitarbeitern ist »die heilende Kraft des geringen Tuns« (I Ging): Der Chef nimmt sein Fernglas und beobachtet, wie alles ausgeht. Oliver Kahn: »Es ist natürlich das Optimum, wenn du eine Mannschaft hast, die von allein merkt – wann muss ich Gas geben? Wann kann ich es laufen lassen?«

Nur in solchen Fällen funktioniert Selbstorganisation.

Mitunter wird S 1 als »Diktieren/Dirigieren« dargestellt. Dies ist missverständlich: S 1 ist nicht als autoritäres Verhalten zu interpretieren. Die Führungskraft informiert, unterweist mit S 1. Sie tut dies, weil sie weiß, dass ihre Mitarbeiter Entwicklungspotenzial haben.
Die Führungsstile S 1 bis S 4 sind Methoden sinnvoller Kooperation.

Führungsziel ist es Mitarbeiter in der Entwicklung von 1 → 4 zu begleiten.

Diese beginnt bereits beim Einstellen von Bewerbern:

Fragen an Bewerber und zum Beobachten neuer Mitarbeiter
(zur Leistungsmotivation und zum Verantwortungsbewusstsein als wesentliche Merkmale des Reifegrades):

- Welche Beispiele für Eigeninitiative und Selbstdisziplin können Sie nennen?
- Was motiviert Sie, sich für den Kunden zu engagieren?
- Welche messbaren Ziele schlagen Sie selbstständig vor?
- Wollen sie nach Tätigkeit oder nach Ergebnis bezahlt werden?

Die **Fehlinterpretation des Reifegrad-Modells** sieht so aus:

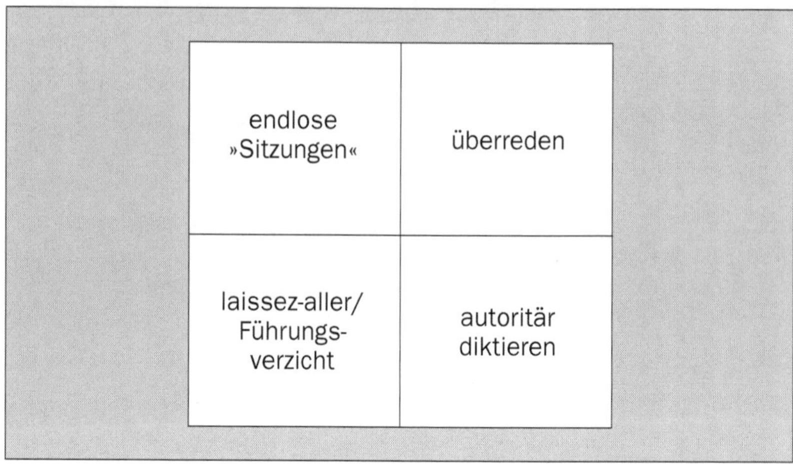

Zum linken unteren Quadranten: Wenn Mitarbeiter mit Problemen nicht mehr zu Ihnen kommen, hat Führung aufgehört: »Die Leere an der Spitze«. Wie formulieren Mathematiker? »Führende Nullen zählen nicht!«

Wann führt mein Chef nicht?
• ist häufig nicht für mich da.
• informiert nicht.
• ändert seine Entscheidungen.
• tut die Arbeit seiner Mitarbeiter.
• schreibt vor, wie die Arbeit seiner Mitarbeiter zu tun ist.
• »kassiert alle Lorbeeren« für sich.

Zum rechten unteren Quadranten: Die Mitarbeiter reden über den autoritären Chef, weil sie sich nicht trauen, mit ihm zu reden. Und:

Je weniger Selbstvertrauen die Führungskraft hat, desto weniger vertraut sie den Mitarbeitern, desto autoritärer führt sie (siehe auch »Merkmale des Autoritären«, Abschnitt 1.2.1).

Sprechen Sie mit Ihren Mitarbeitern über die Methode der reifegradspezifischen Führung. Dann lassen Sie, bezogen auf klar definierte Ziele, Ihre Mitarbeiter ihren eigenen Entwicklungsstand einschätzen. Sie tun es auch. Anschließend sprechen Sie darüber. Wo decken sich Ihre Einschätzungen, wo gibt es Unterschiede? Konflikte bereinigen Sie gemeinsam.

Vereinbaren Sie schließlich mit jedem Mitarbeiter, wie Sie ihn führen werden, bezogen auf seinen jeweiligen Entwicklungsstand und seine messbaren Ziele. Damit weiß er, was von ihm erwartet wird und wie eine Weiterentwicklung gestaltet wird. Außerdem reduziert sich so Konfliktpotenzial.

Positiv am Reifegrad-Modell ist,

- dass es schnell zu begreifen ist und wie eine Initialzündung wirkt.
- dass es – mitunter schlagartig – die Ursachen für die Leistungsschwäche eines Mitarbeiters aufdeckt.
- dass der Entwicklungsstand des Mitarbeiters bei der Zielvereinbarung berücksichtigt wird.
- dass die Entwicklung des Mitarbeiters gemeinsam geplant wird.

Reifegradspezifisches Führen ist nicht statisch, sondern dynamisch. Dies setzt voraus, dass der Chef selbst fähig und willens ist, die verschiedenen Stufen dieser Führungsmethode mit jedem seiner Mitarbeiter, bei jeder neuen Zielvereinbarung, zu durchlaufen.

Gefragt ist Ihre Stilflexibilität. Ein Führungstraining kann helfen, diese zu erhöhen.

Wie ist mein Führungsreifegrad, um meine Mitarbeiter zu einem hohen Entwicklungsstand zu führen?

Unterschiedliche Reifegrade von Managern (nach Collins)
Der Unternehmenslenker von höchstem Niveau Kombiniert persönliche Bescheidenheit mit professioneller Entschlusskraft.
Die effektive Führungspersönlichkeit Wirkt als Katalysator auf eine Vision hin. Spornt zu hoher Leistung an.
Der kompetente Manager Organisiert Menschen und Ressourcen auf Ziele hin.
Das nützliche Team-Mitglied Trägt zum Erreichen der Team-Ziele bei. Arbeitet effektiv zusammen.
Die äußerst fähige Person Liefert produktive Beiträge aufgrund Talent, Kenntnissen, Arbeitsstil.

Wie (glauben Sie) schätzen Ihre Mitarbeiter Ihren Führungsreifegrad ein?

Abb. 33: »Oft wird Größe nur bestimmt durch den Denkmalsockel.
Wenn man ihm den Sockel nimmt, bleibt – ein eitler Gockel.« (Dieter Höss)

Kritisch am Reifegrad-Modell zu bewerten ist

- der Anspruch, es sei »das Rezept« für alle Führungssituationen. Dazu ist die Vielfalt der Situationen und des menschlichen Verhaltens zu komplex. Fragen Sie sich am besten immer: Ist die vorliegende Situation so, dass mir der Denkansatz von Hersey/Blanchard helfen kann? Hier zwei Beispiele, in denen dies möglich ist.
  - Ein neuer Mitarbeiter kommt in Ihre Einheit. Er muss aufgebaut und integriert werden.
  - Eine Arbeitsgruppe, die sonst mit hoher Motivation und hoher Fähigkeit zusammengearbeitet hat, kommt eines Tages bei einem wichtigen Projekt nicht weiter. Sie beginnt, sich intern zu zerreiben. Ein stärker zielbezogenes Vorgehen kann sinnvoll sein.

  Dieser letzte Fall deutet an, dass zusätzlich gruppendynamische Interventionen, erforderlich sein können. Ähnlich wie bei der älteren Mitarbeiterin, die aufgrund privater Schwierigkeiten einen Nervenzusammenbruch erleidet und therapeutischer Hilfe bedarf.

- dass das Reifegrad-Modell voraussetzt, die Führungskraft hätte die notwendige Stilflexibilität von vornherein mitgebracht, beziehungsweise Mangel an Stilflexibilität sei ohne große Probleme zu beseitigen. Nehmen Sie den Fall des Chefs, der einen angepassten Mitarbeiter (R 1) führt, und beide fühlen sich bei S 1 sehr wohl. Der Chef, weil er informieren und unterweisen kann, und der Mitarbeiter, der bei niedrigem Entwicklungsstand keine Verantwortung übernehmen muss.

- dass die Reifegrad-Methode bei einer Fehlinterpretation von Stil 1 autoritärem Verhalten Vorschub leisten kann.

5.6 Die Typologie des Erfolgs von Rolf Berth

Berth suchte in seiner vierjährigen deutschen Studie nach Erfolgskriterien von Unternehmen. Dabei stieß er auf eine »hochinteressante Verteilung der Managerpersönlichkeiten in unserer Industrie«.

Typen des Erfolgs	
Der reformerische Visionär Ersinnt und verkündet neue Visionen/Paradigmen, eher extravertiert.	**5** %
Der systematische Entdecker, Transformator Denkt kreativ über die Welt nach, betritt Neuland, eher introvertiert. Entwickelt Verfahren.	**11** %
Der vernünftige Analysierer Prüft Nutzen und Aufwand, erkennt Strukturen, Chaos erschreckt ihn.	**32** %
Der konservative Bewahrer Baut auf Bewährtem auf, zeigt Möglichkeiten realistisch auf, verwendet Neues im Alten.	**11** %
Der geschickte Macher Kann gut mit Menschen umgehen. Die Tat entscheidet, der Erfolg zählt, krempelt die Ärmel hoch. Setzt um und durch.	**19** %
Der zuverlässige Organisierer Regelt den kontinuierlichen Verbesserungsprozess.	**22** %

Es lohnt sich sicher, das Modell zu ergänzen durch den:

Moderator/Koordinator Integriert Menschen, Ideen, Prozesse	**Coach** Entwickelt Persönlichkeiten

»Der gleichmäßig von der Natur ausgestattete Alleskönner war in unserer Stichprobe nur ein einziges Mal und selbst dann nicht glaubwürdig anzutreffen. Er ist ein Phantasiegebilde. Mensch sein heißt einseitig sein.« (Rolf Berth)

So braucht die Kreativität des visionären Strategen das analytische Denken der Kostenrechner, die Phantasie eher als Luxus ansehen.

Der Macher denkt: »Ich mache die Wunder lieber, als dass ich auf sie warte.« Er benötigt zeitweise einen Coach oder einen Moderator, sonst kann seine Dynamik ein Team sprengen.

Was folgt daraus für Ihre Führung?

Unterschiedliche Persönlichkeiten auszuwählen, zu integrieren, zu fordern. (Vergleichen Sie hierzu die effizienten Führungsstile des Integrierers und des Förderers nach Reddin, Abb. 26) Nur so wird es möglich sein, den Anteil der Menschen, die den Wandel vorantreiben, zu steigern (bisher nicht mehr als 16 %). Dies wird eine wesentliche Voraussetzung sein, um zu vermeiden, dass Deutschland vom Rangplatz eines Pioniers unter den Industrienationen auf den Platz eines immobilen Siedlers abrutscht, weil es zu wenig innovative Produkte und Dienstleistungen anbietet. USA, China, Israel, Japan invertieren mehr in Startups. Einige Ursachen für die wachsende Angst vor unternehmerischen Risiko in Deutschland:

- Angst vor Scheitern und Schadenersatzforderungen.
- Veränderte Werte der jüngeren Generation.
- der Trend sich mehr auf Privates zu konzentrieren.

Interessant ist, dass Berth die sechs Manager-Typen auf sechs Phasen des Management-Prozesses bezieht. So betont er die Notwendigkeit ihrer gegenseitigen Ergänzung:

Die sechs Phasen des Management-Prozesses nach Berth

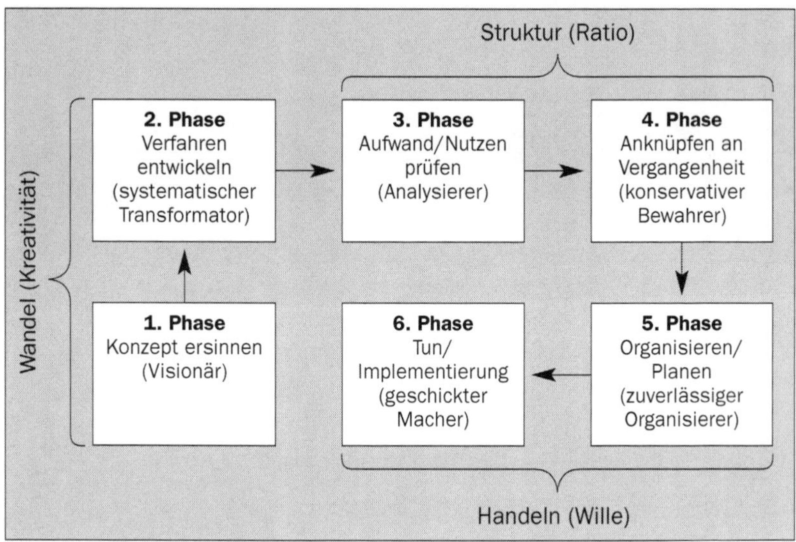

Hier eine Auswahl von Fragen Berths, anhand derer Sie sich und Ihr Unternehmen auf Voraussetzungen für Innovation überprüfen können:

- Gehören kreative Leistungen zu den wichtigsten Gründen für Beförderung?
- Werden Prämien in ebenso hohem Maße für kreative Leistungen gezahlt wie für erreichte Umsätze und Renditen?
- Fragt Ihr Chef nach neuen Ideen, oder will er nur die letzten Umsätze wissen?
- Enthält jede Zielvereinbarung Innovationsziele?
- Wird turnusgemäß berechnet, wie viele Erfolgsprodukte jede Einheit benötigt und wie der Stand der Ideen ist?
- Sind unter den Neueingestellten genügend Menschen mit innovativen Ideen? (Reformerische Visionäre und systematische Entdecker)

Abb. 35: »Ein Pessimist sieht in jeder Gelegenheit eine Schwierigkeit. Ein Optimist in jeder Schwierigkeit eine Gelegenheit!« (Winston Churchill)

Die fünf Regeln des Erfolgs (nach R. Berth)

- Management durch gegenseitige Ergänzung
- Vertrauen
- Vision
- Einmaligkeit
- Will to win

Und vor allem:

Führungskräfte müssen das,

- was sie denken, auch sagen.
- was sie sagen, auch tun.
- was sie tun, auch sein.

So macht Ihnen Führen Freude, erfüllt Sie mit positiver Spannung, macht Ihr Unternehmen und Sie erfolgreich. Wie lautet eine alte deutsche Weisheit?

»Im Wollen klar, im Handeln wahr. Klug im Beginnen, so wird es gelingen.«

Was will, kann und werde ich tun, damit ich in fünf Jahren gesagt bekomme: **»Sie sind wirklich eine exzellente Führungskraft!«?**

5.7 Agile Führung*

Die Umwelt wird immer komplexer und ändert sich unvorhersehbare Weise – sie ist VUCA:

- **v**olatile (unbeständig),
- **u**ncertain (unsicher),
- **c**omplex (komplex) und
- **a**mbiguous (mehrdeutig)

Dieses schwierige Umfeld zu gestalten sowie schnell und flexibel zu reagieren, ist überlebensnotwendig für Unternehmen. Entsprechend zu führen ist eine neue Herausforderung für viele Führungskräfte.

Der agile Ansatz legt den Schwerpunkt auf Schnelligkeit, Selbstorganisation und Flexibilität.

Was ist nun agile Führung? Mit Agilität verbinden Menschen hohe Beweglichkeit.

Der amerikanische Soziologe Talcott Parsons erkannte in den1950er Jahren vier Anforderungen, die jedes System erfüllen muss, damit es erfolgreich und stabil existieren kann. Ein System bzw. Unternehmen muss dazu in der Lage sein

- auf äußere Bedingungen rasch zu reagieren **A**daption
- Ziele zu definieren und zu verfolgen **G**oal Attainment
- Zusammenhalt herzustellen und zu gewähren **I**ntegration
- und grundlegende Strukturen aufrechtzuerhalten **L**atency

Daraus resultieren die **vier Haupteigenschaften der in der Praxis umgesetzten Agilität:**

- Geschwindigkeit
- Anpassungsfähigkeit
- Kundenfokus
- und das dazu erforderliche Mindset.

---

* Nach den Beiträgen von Fabian Kaiser und Thomas Becker

Unter Geschwindigkeit und Anpassungsfähigkeit versteht man, dass Unternehmen und Organisationen schnell und dynamisch auf plötzlich eintretende Veränderungen reagieren können. Dieser Aspekt geht Hand in Hand mit dem in der Agilität relevanten Wert Kundenfokus, denn dieser nimmt eine zentrale Rolle ein und profitiert von der hohen Anpassungsfähigkeit eines agilen Unternehmens. Gewährleistet wird dies beispielsweise durch kurze Arbeitszyklen und iteratives Arbeiten – also das Voranschreiten in verhältnismäßig kleinen Schritten. Essenziell ist auch das sogenannte agile Mindset, welches vor allem den agil arbeitenden Unternehmen untereinander hilft, auf Augenhöhe mit gegenseitiger Wertschätzung zu arbeiten.

Um Agilität im eigenen Unternehmen zu implementieren und anzuwenden, werden sogenannte agile Methoden verwendet. Sie fungieren meist als Rahmen- und Regelwerk und erleichtern somit eine erfolgreiche Umsetzung der Agilität.

Ein agiler Führungsstil definiert also eine Führungskraft, die Geschwindigkeit, Anpassungsfähigkeit, Kundenfokus im Führungsverhalten im mindset verinnerlicht hat. Dies zeigt: Agile Führung ist eine Denkrichtung, die sich auf das konkrete Führungsverhalten, aber auch auf die Unternehmenskultur und auf Unternehmensprozesse (z. B. Entscheidungsprozesse, Kundenanfragen, Rekrutierung...) auswirkt.

An dieser Stelle wird klar:

Weder ist agile Führung etwas Neues, noch macht sie überall Sinn. Es handelt sich um eine Mischung bekannter Prinzipien, Methoden und Maßnahmen, die immer dort sinnvoll sind, wo das Umfeld sich schnell und unberechenbar ändert und man daher flexibel agieren muss.

Wie aber äußert sich ein agiles Mindset dann ganz konkret in Maßnahmen?

Agile Prinzipien und Methoden beim Führen

Das Ziel ist klar: Entscheidungen und Verhalten sollen schneller, flexibler und besser angepasst sein. Doch wo kann man konkret ansetzen? Theoretiker und Praktiker haben eine Unzahl von agilen Methoden dafür vorgeschlagen (z.B. bei Scrum-Teams), die sich auf wenige zentrale agile Prinzipien zusammenfassen lassen.

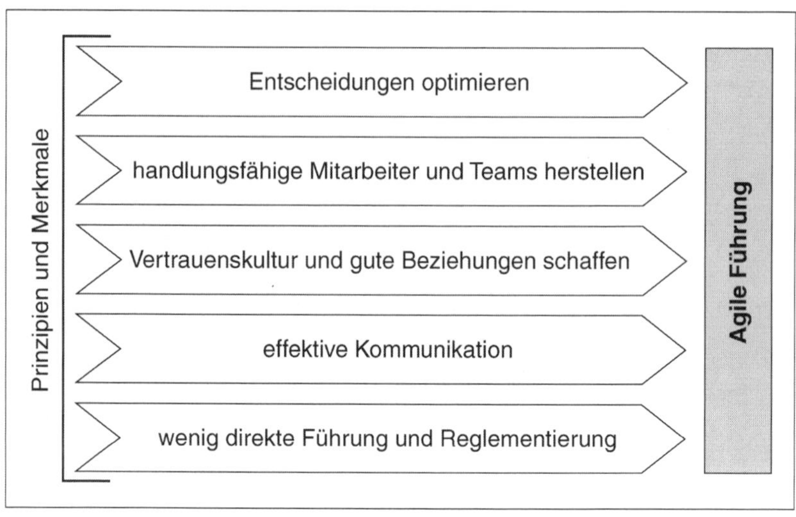

Abb. 36: Agile Führungsmethoden: Prinzipien und Merkmale

Entscheidungen optimieren

Je weiter oben in der Hierarchie Unternehmen ihre Entscheidungen treffen, desto später sind diese getroffen und desto weniger haben sie mit dem aktuellen Bedarf zu tun. Je näher die Entscheidungen an den Prozessen getroffen werden, desto schneller und kundenorientierter sind diese. Dass manche nicht von Haus aus selbständig entscheiden wollen und können, ist eine Herausforderung, an der gearbeitet werden kann. Agile Führungskräfte entwickeln ihre Mitarbeiter zur Selbständigkeit und machen sich und die Mitarbeiter kompetent in Entscheidungsprozessen agil zu werden.

Voraussetzung für gute Entscheidungen vor Ort sind handlungsfähige, kundenorientierte und entsprechend trainierte Menschen.

Handlungsfähige Mitarbeiter und Teams entwickeln

Agilität gelingt nur mit motivierten Mitarbeitern, die wirklich gute Lösungen anstreben und die zudem in der Lage sind, selbständig zu entscheiden, sich im Team abzustimmen und umzusetzen. Selbstorganisierte Mitarbeiter und Teams sind hier das Ziel. Mit gering motivierten, unselbstständigen bzw. inkompetenten Mitarbeitern (d. h. mit geringem Reifegrad) führt Agilität ins Chaos. Hier wird oft gar nicht entschieden,

Chancen werden verpasst und Kunden werden missachtet und verärgert.

Handlungsfähige und motivierte Mitarbeitende verdienen Vertrauen. **Vertrauenskultur,** die auf eigene Entscheidungen und selbstständige Arbeit in klar definierten Handlungsbereichen setzt, erhöht das Tempo und die Qualität. Sie fördert außerdem die Beziehungen innerhalb des Teams.

Effektive Kommunikation – auch mit der Umwelt

Um schnell, kreativ und flexibel auf veränderte Anforderungen von Kunden oder Politik, Gesellschaft und Umwelt zu reagieren, ist Kommunikation entscheidend. Gutes Zuhören und regelmäßiger Austausch sind eine wesentliche Basis, um Veränderungen frühzeitig wahrzunehmen und berücksichtigen zu können. Das gilt nicht nur innerhalb des Teams, sondern gerade für die Kommunikation mit dem Umfeld: Informationen, etwa über automatisierte Datenerhebung, Marktforschung oder Informationen von Händlern und anderen Partnern helfen, in engem Kontakt mit der Umwelt zu bleiben und frühzeitig zu reagieren.

Weniger direkte Führung und Reglementierung

Wenn die oben beschriebenen Prinzipien umgesetzt sind, dann hat sich Führung verändert. Abstrakt kann man dann eine Führungskraft eher als jemanden sehen, der gute Rahmenbedingungen schafft, anstatt nach command and control (= Reifegrad 1 und 2) zu führen.

Konkret bedeutet das beispielsweise Projekte starten mit eher unscharfen Anforderungen, diese klärt das Team dann im Verlauf selbstständig, etwa mit den Kunden, die Führungskraft ist nur bei wirklich zentralen Entscheidungen eingebunden, die Initiative dafür geht aber vom Team aus. Entscheidend ist hier zu prüfen, ob die Mitarbeiter und Teams schon den Reifegrad 3 bis 4 haben, um so geführt zu werden.

Wenn in Organisationen diese fünf Prinzipien (Abb. 36) umgesetzt werden, dann entsteht eine agile Kultur.

Agile Führung heißt weniger operative Führung von einzelnen Mitarbeitern und mehr Teamwork und sie bedeutet letztlich, einzelne Mitarbeiter weniger zu führen. Und genau darauf zielt das reifegradspezifische Führen ja ab: Finden Sie heraus, wie der Entwicklungsstand des Mitarbeiters/ Teams ist, führen Sie entsprechend und entwickeln Sie den Reifegrad.

5.8 Vergleichender Überblick zu ausgewählten Führungsmodellen

Was verbindet und unterscheidet Verhaltensgitter, 3-D-Modell, Reifegrad-Modell, Fiedler-Modell, Berths Typologie des Erfolgs und agile Führung?

Verhaltensgitter (Blake/Mouton)	**3-D-Modell** (Reddin)	**Reifegrad-Modell** (Hersey/Blanchard)	**Fiedler-Modell** (Fiedler)	**Typologie des Erfolgs** (Berth)	**Agile Führung**
Es gibt einen besten Führungsstil.	Es gibt nicht den besten Stil. Die vier Grundstile sind leichter verständlich als das Fiedler-Modell.	Kaum wertende Bezeichnungen für Führungsstile. Damit wertneutraler als 3-D-Modell.	Keine wertenden Bezeichnungen.	Führung integriert sechs Manager-Funktionen.	Ist ein mindset zum Agieren in Situationen, die VUCA sind.
Der rechte obere Quadrant (9.9) ist der positivste.	Jeder der vier oberen Quadranten kann effizient sein (Förderer, Macher, Integrierer, Verwalter).	Jeder Quadrant kann reifegrad-spezifisch positiv sein.	Fiedler ordnet die Führungssituationen auf einer Skala an. Sie reicht von »für den Führer günstig« bis »für den Führer ungünstig«.	Erst das Zusammenwirken aller sechs Funktionen führt zum Erfolg. Betont wird der »reformerische Visionär« sowie der »systematische Entdecker«.	Das Entwickeln einer agilen Unternehmenskultur ist die Grundlage. Einzelne agile Methoden können davon unabhängig verwendet werden (z. B. Scrum, daily stand-ups).
Bezieht sich auf Einstellungen.	Bezieht sich auf Verhalten. Output ist der Maßstab für Effizienz.	Bezieht sich auf Verhalten. Leistung und Zufriedenheit sind Maßstäbe für Effizienz. Der Betroffene versteht, woher die Bewertung kommt. Schwerpunkt auf Selbstbewertung.	Ähnlich wie Reifegrad-Modell.	Bezieht sich auf persönliche Wertsysteme und Einstellungen in ihrer Beziehung zum Erfolg.	Bezieht sich auf die VUCA-Anforderungen der dynamischen Umwelt und das entsprechend agile Verhalten von Führungskräften.
Gefahr der Etikettierung wie z. B. »autoritär« »laisser-aller«.	Gefahr der Etikettierung.	Weniger Schlagworte für die Stile als im 3-D-Modell.	Wirkt zunächst etwas verwirrend. Entpuppt sich als äußerst wirkungsvolles, anspruchsvolles Instrumentarium.	Einleuchtend durch Bezug der sechs Manager-Funktionen auf sechs Phasen des Management-Prozesses.	Funktioniert, wenn Reifegrad 3 und 4 bei Führungskräften, Mitarbeitern und Teams vorhanden ist bzw. entwickelt wird. Auch Selbstorganisation braucht Führung!
Wenig komplex, zielt ab auf Änderung des Führungsstils.	Bezieht viele Situationselemente mit ein und zielt ab auf Anpassung des Führungsstils an die Situation.	Bezieht Chef, Mitarbeiter, Gruppe mit ein. Zielt ab auf Anpassung des Führungsstils an den Reifegrad des Mitarbeiters.	Bezieht Führer, Gruppe, Positionsmacht, Leistung und Situation ein. Zielt ab auf Änderung der Führungssituation.	Geht über Führung hinaus. Betrachtet Auswirkungen auf betriebs-, volkswirtschaftliche Aspekte. Coach und Integrierer vernachlässigt?	Agile Führung ist eine Denkrichtung, die sich auf das konkrete Führungsverhalten, aber auch die Unternehmenskultur und auf Unternehmensprozesse (z. B. Entscheidungsprozesse, Kundenanfragen, Rekrutierung...) auswirkt.

6 Exkurs: Führung und Macht

Motto: *Macht ist immer ein Mach-Potenzial.* (Hannah Arendt)

Der Begriff »Macht« weckt häufig negative Gefühle. Die deutsche Historie des 20. Jahrhunderts mag der Anlass sein – sehr verständlich. Aber: *Sie brauchen Macht, um Dinge zu verändern ... aber die Macht verändert auch Sie.* (Simone Menne)

6.1 Definitionen

»Wer das Wort Macht hört, dem fallen häufig als Erstes ein: Gewalt, Unterdrückung, Egoismus ... im Englischen Wort ›Power‹ hingegen schwingt die Bedeutung von Kraft mit ... .Macht ist für das Zusammenleben so existenziell wie der Strom für die Turbine. Ohne sie gäbe es keine Gestaltung, keine Innovation, keinen Fortschritt, keine Erziehung.« (Alexandra Borchardt) Wenn Menschen zusammenleben, benötigen sie Regeln und jemand, der sie durchsetzt. So meinte der polnische Außenminister: »Ich fürchte in meiner Sorge um Europa deutsche Macht weniger als deutsche Untätigkeit.«

6.1.1 Macht

Macht bezeichnet die Fähigkeit einer Person, die Werte und Einstellungen sowie das Verhalten einer anderen Person so zu beeinflussen, dass dem eigenen Willen entsprochen wird.

Organisatorische Kompetenz zeigt sich somit in

- der Macht und der Fähigkeit, auf Ziele ausrichten zu können.
- dem Grad der persönlichen Unabhängigkeit.
- der Verfügung über Ressourcen.
- der persönlichen, prägenden Unverwechselbarkeit.

Macht bedeutet

- einerseits die Fähigkeit und den Willen, etwas voranzutreiben und zu entscheiden. Dies meint der Satz: »Macht hat, wer macht.« Macht hat also nicht der, der sie auf dem Papier hat, sondern wer sie nutzt, um die Unternehmensziele zu erreichen.
- andererseits die Verantwortung für die eigenen Entscheidungen.

»Aus großer Macht folgt große Verantwortung.« (G. H. Müller)

Verantwortung wollten in der Wirtschaftskrise – unter anderem in den Banken – einige Manager nicht übernehmen.

Die Macht, etwas umzusetzen, zu verändern, durchzusetzen, Menschen mit den eigenen Ideen erreichen zu können, bildet sich in jeder Gruppe oder Organisation heraus. Moira Forbes über Lady Gaga: »Sie kann mit einem Mausklick über soziale Netzwerke Millionen von Menschen erreichen. Damit hat sie viel Macht und nutzt sie auch.« Macht ist also real. Damit ist sie weder grundsätzlich böse noch zu bejubeln. Und Robert Harris über Cicero: »Es würde uns weiterbringen, wenn man sagen könnte, es ist normal, Macht und Einfluss gewinnen zu wollen. So wie es für einen 100 Meter-Läufer normal ist, dass er auf 100 Meter der Schnellste sein will.«

Als **soziale Macht** ist sie zum Wohl des Unternehmens, der Mitarbeiter und der Gesellschaft zu nutzen. Sie kann beschützend wirken.

So wie die relativ neue Doktrin der Charta der Vereinten Nationen: »Responsibility to protect«. Angewendet von einem kanadischen Oberst: Die kroatischen Killer kamen in seinen Stützpunkt nicht hinein. Dagegen die Niederländer in Srebrenica: Die Serben waren die Mörder und die niederländischen Soldaten haben die ihnen Anvertrauten nicht beschützt, Angehörige der Opfer können daher Schadenersatz fordern. (Urteil des Hohen Rats in Den Haag)

Daraus folgt: Macht nicht einzusetzen, ist falsch, wenn es um Massenmord geht. Zum Beispiel verübt durch den Terrorismus des sog. Islamischen Staates. Wer die glaubwürdige Bereitschaft zeigt, Macht auch einzusetzen, verhindert damit am wirkungsvollsten Gewalt.

Frieden bedeutet eben (leider) auch, über einen großen Stecken verfügen zu müssen. Mit den Worten Jack Nicholsons:

»Sei gütig und verfüge über ein Panzerbataillon.«

Soziale Macht	Herrschaftsbedürfnis
Dienst: Der Einfluss nützt allen in der Organisation/dem Unternehmen/der Gesellschaft.	will, dass andere sich unterordnen.
Die Ziele von Führungskraft und Mitarbeitern stimmen überein.	Die Ziele stimmen nicht überein.
Der Machtinhaber schätzt die ihm Anvertrauten.	Der Machtinhaber verschafft sich persönliche Privilegien.
wirkt konstruktiv.	wirkt destruktiv.
Die Mitarbeiter konzentrieren sich auf den Kunden.	Die Mitarbeiter schauen auf den Chef statt auf den Kunden.
schafft eine erfolgreiche Organisation.	führt mittel- und langfristig zum Misserfolg.
fördert persönliches Wachstum bei Führungskraft/Mitarbeitern.	wirkt selbstzerstörerisch.

Schauen wir um uns, schauen wir auf uns selbst: Wem geht es worum?

Es fragt ein Chef einen Mitarbeiter: Können Sie nicht Punkte in der Verkehrssünder-Kartei für mich übernehmen? Sie müssen nur angeben dass Sie gefahren sind, als das Fahrzeug geblitzt wurde. Es wirkt sich positiv auf Ihre Weiter-Entwicklung aus.

Und: Wie gehe ich mit Macht um? Ängstigt mich Macht?

6.1.2 Macht und Autorität

Macht wird verliehen, Autorität wird erworben.

Autorität bezeichnet das Ansehen oder die Macht, die ein Mensch oder eine Institution aufgrund von Persönlichkeit, Fertigkeit, Tradition oder durch Vereinbarung genießt. Wenn Autorität und Vertrauen sich ergänzen, ziehen in einer Organisation alle an einem Strang.

Autorität ist nicht zu verwechseln mit autoritär sein.

Und: »Wer Macht hat und keine Autorität, erreicht seine Ziele selten.« (Shalom Saada Saar)

Wer Autorität hat ohne formale Macht, kann trotzdem erfolgreich führen – wie beispielsweise viele Projektmanager.

Hannah Arendt ergänzt: »Nicht die Wirksamkeit des Befehls allein« – möglicherweise autoritär gefällt – darf entscheidend sein. Denn: »**Macht** entspricht der menschlichen Fähigkeit, nicht nur zu handeln oder etwas zu tun, sondern sich mit anderen zusammenzuschließen und im Einvernehmen mit ihnen zu handeln.«

6.1.3 Kosten der Macht

Frauen bezahlen für Macht einen höheren Preis. »Sie verlieren Sympathien, sobald sie Chefinnen werden und zwar bei beiden Geschlechtern. Ist dies ein Grund, warum auffällig viele der Befragten eine ablehnende Einstellung zur Macht an den Tag legten«? (Universität Hamburg zur Aufstiegskompetenz von Frauen) Zur Aufstiegskompetenz gehört es auch, die Spielregeln im Unternehmen zu beobachten, fließende Allianzen zu bilden und immer wieder Signale der Aufstiegsbereitschaft zu senden, Männer tun sich damit leichter. Sie haben häufig ein weniger gespaltenes Verhältnis zur Macht.

»Chefs dagegen bekommen einen Beliebtheitsbonus. Männer profitieren stärker von den Insignien der Macht.« (Alexandra Borchardt)

6.1.4 Machtmissbrauch

Lord Actons Gesetz:

»Macht korrumpiert und absolute Macht korrumpiert absolut«.

Offene Unmoral ist das markanteste Zeichen negativer Macht.

Hat meine Macht mich auch schon begonnen zu korrumpieren? Mit der Macht kommt die Versuchung, sie zu missbrauchen und anzunehmen, dass dem Mächtigen alles gehört.

Drei Beispiele:

- Boris Johnson nutzte seinenn Einfluss, um gravierende Fehlentscheidungen durchzusetzen.
- Caspar Busse über den langjährigen Topmanager Middelhof »Er benahm sich wie ein Sonnenkönig, dem niemand und nichts etwas anhaben kann«.

- Trump versucht, staatliche Institutionen zu diffamieren. Sein »digitaler Absolutismus« versucht, die Macht auf sich zu konzentrieren. Der Pressesprecher unterstützt ihn: »Wer Probleme mit den Anordnungen hat, kann ja gehen«.
- Alice Schwarzer schrieb zur Finanzkrise: »Es geht um die Erotik der Macht. Diese Männer (manche Broker) haben längst den Bezug zur Realität verloren. Sie klicken virtuelle Summen ... und wundern sich, wenn sie plötzlich vor den realen Scherben stehen.«

Um zu verhindern, dass Macht zu Gewalt wird, müssen Regelverstöße geahndet werden. Und vor allem – ich darf mich von Macht nicht dumm machen lassen. Wer sagt, dass der Mächtige auch wirklich recht hat? So kann Verweigerung, Trotz, Widerstand und Ungehorsam auf unangemessene Machtausübung hinweisen. Juni 2023: Die Revolte des Wagner-Chefs Pigoshin gegen Putin.

Daraus folgt: Je mehr Freiheitsgrade ich mir verschaffe, desto weniger Macht lasse ich in den Händen anderer.

Negative Macht/Herrschaftsbedürfnis: aggressives und kritisierendes Verhalten, Prestige-Sucht, verbale Dominanz, Sturheit. Die Folge ist: Durchhalten auch im Irrtum. Wer sich so durchsetzt, hat allerdings noch

Abb. 36: Wenn Selbstherrlichkeit des Chefs auf ergebene Mitarbeiter trifft, gilt: Einer entscheidet – viele leiden. Je abhängiger ich bin, desto geringer ist meine Macht: Wie kann ich unabhäniger werden?

nicht gewonnen. Dramatisch hat sich dies im VW-Abgasskandal gezeigt. Von uneinsichtigem Betrug in der Wolfsburger Wagenburg wurde gesprochen. Max Städler: »Das Abstreiten jeder (ethischen) Schuld ist nicht nur juristisch gewieft, sondern vor allem frech und herausragend inkonsequent. Zunächst sprach VW-Chef Müller davon, welche Schmerzen für ihn persönlich Regelbrüche bei den Dieselmotoren bereiten würden. Es dauerte, bis er deutlich machte, es wurden Regel gebrochen und ethische Grenzen überschritten.« Die persönlichen Folgen für den in den USA verhafteten VW-Manager: Eine mögliche Haftstrafe von mehr als zehn Jahren.

Bewusster Verzicht auf Macht und Einfluss

Was geschieht, wenn ich delegiere (S 4) und damit meine soziale Macht verringere? Der Chef der Trainerfirma Cocomin begibt sich 100 Tage auf Weltreise, »ohne jeglichen Kontakt zu seinen Leuten. Die, plötzlich in die Eigenverantwortung geworfen, brachten die Firma währenddessen derart auf Vordermann, dass nun schon von Umsatzverdoppelung die Rede ist.« (SZ)

Wir trainierten den Geschäftsführer eines Möbelhauses innerhalb eines Jahres sieben Mal für jeweils drei Tage. Am Ende des Trainings berichtete er etwas verwundert, dass der Umsatz um etwa 15 % gestiegen sei, obwohl er 21 Tage nicht im Unternehmen war. Prompt fragte ihn ein Kollege, ob der Erfolg darauf zurückzuführen sei, weil er als Störfaktor ausgefallen war.

Was hat das mit »Führung und Macht« zu tun?

Ein Leader verzichtet auf Einfluss und damit auf Macht und gewinnt. Er gewinnt, wie die Beispiele zeigen, die Motivation seiner Mannschaft, selbst Verantwortung zu übernehmen. Für sich selbst gewinnt er Zeit für eine Weltreise. Es ist wie im Lehrbuch: Delegation ist geschenktes Vertrauen – als Dank erhalte ich Lebenszeit. Klar: Die Delegation erfolgt reifegrad-spezifisch und auf der Basis vereinbarter, messbarer Ziele. Delegation ist so eine bewusste Entscheidung.

Andererseits:

Entscheidungen sind nicht immer für alle positiv. Ein Teil der Betroffenen fühlt sich eventuell getroffen. Es gibt selten Lösungen, die für alle gut sind.

Was macht man mit »Führungskräften«, denen Macht – zum Beispiel »Richtlinienkompetenz« – verliehen wurde, um sie zum Wohle des Ganzen zu nutzen und sie nutzen sie nicht? So sagt ein CSU-Politiker nach einem bayerischen Wahlergebnis: »Wir müssen festlegen, was wir beschlossen haben.«

Fragen wir uns selbst:

- Wo bin ich mitunter blendend in der Analyse und der daraus resultierenden Erkenntnis, miserabel aber im Entscheiden über Konsequenzen?
- Wo stelle ich mir selbst ein Bein, indem ich mich vor klaren, mutigen Entscheidungen und deren stringenter Umsetzung – mit aller (sozialer) Macht – scheue?
- Wann habe ich versäumt, mich mit wem zu konfrontieren?
- Hat Entschlusslosigkeit, haben halbherzige Entscheidungen und mangelnde Durchsetzungsfähigkeit mit der Scheu zu tun, persönliche Verantwortung zu übernehmen? (siehe die Großprojekte Verwendung des 100 Milliarden Sonderetats für die Bundeswehr, »Stuttgart 21« und Berliner Flughafen).

Können wir es uns leisten, nicht oder zu spät zu entscheiden?

- In einer Zeit, in der mehr denn je gilt:
  »Im Überlegen darf man zögern, die überlegte Tat jedoch sollte rasch sein.« (nach Thomas von Aquin)
- In einem Umfeld, in dem es gilt, das »im Status quo eingeschlummerte Land« oder Unternehmen aufzuwecken. Was nicht bedeutet, in panische Unruhe und blinden Aktionismus zu verfallen. Warum ist zielführende Dynamik erforderlich geworden? Weil sonst bald das »letzte Muh der heiligen Kuh« droht. Zum Beispiel durch zunehmende Fahrverbote für Dieselkraftfahrzeuge – mit hohen Wertverlusten für deren Besitzer.

»Den Deutschen wird häufig vorgeworfen, sie seien die größten Bedenkenträger auf dem Globus ... die Deutschen könnten nicht anders, als bestenfalls ›ja, aber‹ zu sagen.« (Marc Beise)

Opel machte 19 Jahre Verluste: Wer hat versäumt, soziale Macht einzusetzen, um das Unternehmen rigoros zu sanieren? Die Folge: PSA kauft im März 2017 Opel. Was ist wohl nach Ende des Kündigungsschutzes zu erwarten? 3700 Stellen wurden abgebaut, jede dritte

Führungsposition gestrichen. Carlos Tavares zu den Opelanern: »Das Einzige, was schützt, ist Leistung.« Innerhalb eines Jahres machte Opel wieder Gewinn.

Stecken wir nicht häufig mehr Energie – im Unterschied zur Zeit des Wirtschaftswunders – in den Widerstand gegen Veränderungen statt in deren Durchsetzung? Wie soll das Ziel von Millionen Elektrofahrzeugen in Deutschland erreicht werden, wenn nicht rasch genug Ladestationen und Stromtrassen gebaut werden? Welche Beispiele für verzögerte Entscheidungen in meinem Unternehmen fallen mir ein?

Was unternehmen Sie mit all Ihrer Autorität, damit Sie sich eines Tages nicht wundern wie Bob Lutz bei GM?

»Wie kann es sein, dass eine Start-up-Klitsche (Tesla), auch noch von Leuten ohne Auto-Know-how geführt, ein Elektroauto schafft, wir aber nicht?« »In Menlo Park haben sie ihre eigene Antwort. Das Unternehmen könne radikaler vorgehen, gerade weil es keine Altlasten habe und kein Geld mit traditioneller Technik verdiene ... Wir haben nichts zu verlieren.« (O'Connell) »Und sie waren mutig. Denn Studien warnten, es gäbe noch keine Nachfrage für Elektroautos. Die Käufer beweisen das Gegenteil.« »Zwei bis drei Dollar kostet einmal Vollladen in Kalifornien, ein Zehntel eines vollen Benzintanks.« (SZ 29.10.09)

Es gilt also zu unterscheiden zwischen dem »bully«, der andere niedermachen will, um sich selbst ein besseres Gefühl zu verschaffen und dem von einer Vision Beseelten, der mit aller Macht den Weg in die Zukunft frei machen will – zum Nutzen der Gesellschaft, des Unternehmens, der Mitarbeiter (nach Roderick M. Kramer). Dieser wird nicht zu faulen Kompromissen bereit sein. Er weiß: Mit diesen ist es wie mit einem Floß – es schwimmt, aber man hat immer die Füße im Wasser (des kleinsten gemeinsamen Nenners). Damit stimmen wir John Wayne zu: »I never quit a job in the middle of the road.« (In »The big trail«).

Je mehr Sie als Führungskraft und Mitarbeiter Ihre Handlungsspielräume, Ihre Kompetenzen erweitern, desto weniger Macht lassen Sie in den Händen anderer. Denn: Die Macht der Mächtigen ergibt sich aus der scheinbaren Ohnmacht der nicht so Ohnmächtigen.

So motiviert Freiheit in der Arbeit und ersetzt den Wunsch nach Freiheit von der Arbeit, den viele Deutsche verspüren: Jeder dritte deutsche Erwerbstätige sagte in einer repräsentativen Forsa-Umfrage, er brauche keinen Job für ein erfülltes Leben.

6.2 Zwölf Methoden zum Ausüben von sozialer Macht, Autoritat und Einfluss

- Vernunft: Mithilfe von Fakten logisch schlüssig begründen.
- Freundlichkeit: respektvoll, zuvorkommend sein.
- Die Würde des anderen wahren.
- Koalitionen/Allianzen bilden: sich die Unterstützung anderer sichern.
- Verhandeln: Den Austausch von Leistungen vereinbaren.
- Schweigen.
- Mutig entscheiden.
- Durchsetzen von Zielen: An Zusagen erinnern, auf Pflichten hinweisen, auf Regeleinhaltung bestehen.
- »Treiber« einsetzen.
- Belohnen, bestrafen.
- In der Krise: Klare Ansagen. Rasch und entschlossen handeln.
- Den Erfolg verkünden.

Bevor bewusst auf »Durchsetzen« geschaltet wird:

Unterschiedliche Werte, Ziele, Interessen verursachen Konflikte.

Die wohl wichtigste Ursache ist eine unterschiedliche Interpretation zu den Fragen:

»Was ist eine gute, was eine unbefriedigende Leistung?«

»Was ist eine zielführende Verbesserung?«

Sind wir uns darüber wirklich einig? Zum Beispiel auf der Basis vereinbarter messbarer Ziele.

Vorsicht:

»... Manager mit wenig Macht neigen im Fall von Widerstand eher dazu, ihre Einflussversuche abzubrechen, weil sie den mit der Durchsetzung ihrer Anordnungen verbundenen Sympathieverlust als untragbar erachten.«

Viele deutsche Unternehmen wissen, auf welche Weise sie noch effektiver, effizienter und erfolgreicher werden könnten. Sie wissen, wie sie ihre Kunden noch zufriedener machen und wie sie ihre Wertschöpfungsprozesse noch gewinnbringender arrangieren könnten. Sie wissen es, doch sie tun es nicht viele und sitzen in der Umsetzungsfalle. Einige Ursachen: Bereichsdenken, mangelnde Führung, mangelnde Kreativität (siehe auch Band »Motivation und Management des Wandels«).

Peter Hahne formuliert zum Thema Erziehung: »Viele Verwahrlosungsprobleme hängen nicht mehr mit autoritären, sondern mit schwachen, konturlosen Vätern und Müttern zusammen. Eltern mit einer Mischung aus Passivität und Pessimismus bieten zu wenig Zuwendung und Ansporn für Regeltreue.«

Zwei Beispiele:

- R. Gassmann (DHS e. V.): »Das durchschnittliche Alter, in dem Jugendliche das erste Mal Alkohol trinken, liegt bei 13,2 Jahren. Legal ist der Konsum erst ab 16 Jahren.«
- Mangelnde Bildung führt dazu, dass in Berlin jede zehnte Lehrstelle unbesetzt bleibt.

Was werde ich – wild entschlossen – zum langfristigen Nutzen der Organisation, der Mitarbeiter und ihrer Werte mit der mir verliehenen sozialen Macht als das richtig Erkannte umsetzen?

»Das Schwerste ist der Entschluss.« (Franz Grillparzer)

Zum Schluss

Motto: *Wahre Menschenführung ist, wenn Menschen dir nur dann folgen, wenn sie die Möglichkeit hätten, es nicht zu tun.* (James McGregor Burns)

Grundlegende Einigkeit herrscht bei den Praktikern in unseren Kundenprojekten über die Erfolgsfaktoren für gute Führung:

- die innere Haltung und gute Laune
- das Menschenbild – wertschätzend und ressourcenorientiert
- die angemessene, reifegradspezifische Führung von Mitarbeitern je nach individuellem Entwicklungsstand, Situation und Ziel
- Kommunikation is key!
- Entscheidungen und Veränderungen motivierend gestalten
- gute Selbstführung (Selbstfürsorge und -organisation, mentale und physische Gesundheit).

Wie der aufmerksame Leser, die aufmerksame Leserin bemerkt haben wird: Die grundlegend richtungsweisenden Ideen, die Führung wertvoll machen bleiben, solange Menschen mit und für Menschen arbeiten.

Darunter verstehen wir

- die Idee, Menschen und Teams individuell zu betrachten und je nach Entwicklungsstand zu führen
- den Einsatz von Methoden ausschließlich nach dem entstehenden Nutzen für die Organisation zu entscheiden und
- sich als Führungskraft selbst zu reflektieren und die persönlichen und methodischen Kompetenzen auszubauen
- Ziele gemeinsam mit den Mitarbeitern/Kooperationspartnern zu erarbeiten, festzulegen und zu erreichen.

Die dabei hilfreichen Methoden weiterzuentwickeln und diese dann – passend zu den Herausforderungen – auszuwählen, systematisch und konsequent anzuwenden sind der Schlüssel zum nachhaltigen Erfolg – mit Spaß, Spannung und basierend auf soliden Werten. Wie Rolf Berth in seiner richtungsweisenden Studie nachweisen konnte, legen bestimmte Werte die Grundlage für höhere Renditen.

Werte	Renditedifferenz in Prozent
Sich öffnen, um sich zu ergänzen	178
Alles muss sich rechnen	174
Sich voll einbringen	171
Vielfalt im Team	168
Vertrauen statt Kontrolle	162
Vision, Originalität	152
Fröhlichkeit	150
Durchbruchsinnovationen bevorzugen	148
Freiräume gewähren	146
Lebenslanges Lernen	145
Wachstumsmärkte bevorzugen	138
Servicementalität	136
Überholtes abschaffen	107
Spitzenleistung (technisch und emotional)	102
Begeisterung systematisch managen	99
Schnelligkeit	91
Stil, Ästhetik	69
Rationlität	67
Evolution statt Revolution	65
Unbeirrtes Tüfteln	64
Disziplin und Askese	56
Kompromissbereitschaft	51
Unordnung bekämpfen	33
Sieger sein müssen	21
Volle Elegation	-24
Abstand halten	-52
Kreativität basiert auf Sachkompetenz	-54
Anpassung bis zur Unterwerfung	-55
Misstrauen schadet nie	-56
Am Bewährten festhalten	-58

Das heißt immer wieder zu fragen...

WOZU? WOZU? WOZU?

Wozu dient eine Methode, ein Führungsselbstverständnis, eine Idee? Hilft diese dabei unsere Visionen zu erreichen, unsere Ideale und Grundideen zu verwirklichen, unsere Werte zu berücksichtigen, unsere Ziele zu erreichen, unsere Ressourcen optimal zu nutzen, unsere Talente herauszufordern und Ihnen das Beste abzugewinnen und Entwicklung zu ermöglichen...

Unser Ziel mit Spannung und Spaß zu erreichen.

Literaturempfehlungen

Bewährte Klassiker:

Bennis, W.; Nanus, B.: Führungskräfte. Die vier Schlüsselstrategien erfolgreichen Führens. Freiburg, 1992

Blake, R. R.; Mouton J. S.: Verhaltenspsychologie im Betrieb, Düsseldorf,1993

Covey, S. R.: Die effektive Führungspersönlichkeit, Frankfurt a. M., 2009

Fiedler, F. E. et al.: Der Weg zum Führungserfolg, Stuttgart,1979

Fischer, P.: Neu auf dem Chefsessel Erfolgreich durch die ersten 100 Tage, München, 2015

Goleman, D.: EQ hoch 2 – Der Erfolgsquotient, München, 2000

Malik, F.: Führen, Leisten, Leben. Wirksames Management für eine neue Welt. Frankfurt a. M., 2019

Neuberger, O.: Führen und Führen lassen, Stuttgart, 2002 →weiter entwickelt durch Blessin und Wiek, Stuttgart, 2013

Spencer, J.: Die Mäusestrategie, München, 2019

Wunderer, R.: Führung und Zusammenarbeit, Berlin, 2011

Arbeitshefte Führungspsychologie:

http://www.gruene-reihe.de und in der Klappe dieses Buches

Insbesondere:

Berkel, K.: Führungsethik, Hamburg, 2013

Berkel, K.: Konflikttraining,Hamburg, 2020

Rainer W. Stroebe, R. W.: Besprechungen zielorientiert führen, Hamburg, 2011

Stroebe, R. W; Stroebe, A.: Arbeitsmethodik, Hamburg, 2020

Stroebe, R. W; Stroebe, A.: Motivation und Management des Wandels, Hamburg, 2022

Stroebe, A.: Motivierend Führen mit Zielen – Objectives and Key Results, Hamburg, 2023

Stroebe, R. W; Stroebe, A.: Cartoonbuch: Nimm' Deine Legende in eigene Hände (erhältlich über die Autorin)

Gallup Inc.: Engagement Index Deutschland 2022 erth, R.: Erfolg, Düsseldorf 1995

namori, H. J.: Erfolg aus Leidenschaft. Das Credo von Japans führendem Unternehmer, Wien 2010

Casestudies I Firmengeschichten I Daten:

Berth, R.: Erfolg, Düsseldorf 1995

Berth, R.: Die Rendite der Werte,Harvard Business Review,Januar 2006

Weiterentwickelte Ansätze:

Gloger, B.; Rösner, D.: Selbstorganisation braucht Führung, München, 2022. *Die Autoren zeigen, wie eng Agilität, Teamentwicklung und Führung miteinander verwoben sind.*

Dueck, G.: Schwarmdumm, Frankfurt a. M., 2015

Kierner,S.: O.B.S.T Modell. Das Buch für alle, um leichter und besser Entscheidungen zu treffen,München, 2020

Pozen, R. C.; Samuel, A.: Remote Inc. How to thrive at work... wherever your are, New Vork, 2021

Über die Autoren

Antje Stroebe

Studium der Wirtschafts- und Sozialwissenschaften in Augsburg.

Zehn Jahre Mitarbeiterin einer großen Bank in Leipzig und Frankfurt am Main. Seit 2001 selbstständig mit Management-Training und Beratung bei Stroebe & Kollegen zu allen Themen rund um die Führungsblume.

Zum Erfolg mit Spannung und Spaß – gerne unterstütze ich Sie beim Erreichen anspruchsvoller Führungsziele durch Training, Coaching und Beratung.

Kontakt:
Reitmorstraße 23, D-80538 München
Telefon +49 89 24245918
antje.stroebe@manager-training.de
www.manager-training.de

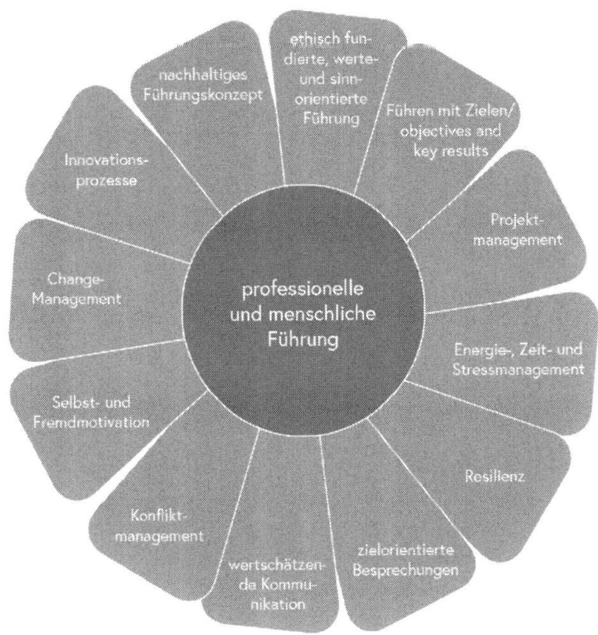

Dr. Rainer W. Stroebe

Studium der (Wirtschafts-) Psychologie in München. Acht Jahre Erfahrung im Führen und als Manager. Selbstständig mit den Schwerpunkten

- Management-Training und -Beratung
- Coaching und Persönlichkeitsentwicklung
- Organisationsentwicklung
- Ausbildung von Management-Trainern

Vision: »Zum Erfolg mit Spannung und Spaß!«

Veröffentlichungen zu Kernthemen des Managements in der »Grünen Reihe« Arbeitshefte Führungspsychologie, EDITION WINDMÜHLE im Feldhaus Verlag (www.gruene-reihe.de).

Im Selbstverlag (mit Antje Stroebe): **Cartoon**buch »Nimm' deine Legende in eigene Hände!«, **Plakate** »Energie- und Zeit-Management« sowie »Besprechungen«, »Projektmanagement«, **Broschüren** zu Führung, Führen durch Zielvereinbarung, Motivation, Management des Wandels, Kommunikation, Verhalten und Technik in Besprechungen, Mitarbeiter-Gespräch, Konflikt-Management, Energie-, Zeit- und Stressmanagement, Unternehmerisch denken und handeln.

Kontakt:
Kuckuckstraße 47, D-82237 Wörthsee
Telefon +49 8153 7685
stroebe@manager-training.de
www.manager-training.de